心灵的平和之美

Individual and Society

[印] 克里希那穆提　著

王艳淳　译

北京时代华文书局

出版前言

这本书的各章节都是从克里希那穆提的讲话和著作中直接摘录的，包括一九三三年至一九六六年的全部讲话和著作以及一九六七年的部分讲话和著作。编撰者遍览了涵盖本书主题的该时期的全部讲话内容，如果没有应用讲话的电脑资料库，就不可能做到这一点。“克里希那穆提文集”资料库是由克里希那穆提英国信托基金会提供的，其中有超过九百篇的文章被研究学习。

除了在编辑时对拼写、标点和遗漏词语做了有限度的调整之外，选编的文字没有改变最初出版的方式。另外，从《生命的注释》一书中摘撷了部分片段，增加了“提问者”和“克里希那穆提”的名称。在括号中出现的词语和短句并不是克里希那穆提原讲话的内容，而是编撰者出于行文清晰的需要添加上去的。每篇章节的引出或结束处的省略号表示这部分内容是从原文中某个不完整的句子开始或结束的。章节中出现的省略号表示词语或句子的删节。正文内容开始，每章的标题在很多文章中被提及，它们都是直接出自正文的句子。

克里希那穆提的讲话体现出十分广阔的洞察力，在每篇延展章节中都蕴含着他的全部洞见。如果读者希望去体会每句话在整个演讲中是如何自然表达出来的，你可以在每一段选文的末尾标注中找到原文的出处。这些讲话主要出自一九九二年出版的“克里希那穆提文集”十七册丛书，本书作为选编的研究读本在时间上全部包含在该套丛书中。本书结尾列出了使用到的全部书目。

埃尔宾·W. 帕特森，编辑

引言
像两个朋友般一起探讨事情

几天之后，我们将展开一系列谈话，我们今天早上就可以开始。但是，如果你坚持你的主张，而我坚持我的主张；你执着于你的观点、教义、经验和知识，而我执着于我自己的，那么，我们就不会有什么真正的交谈。因为那样，我们就不是自由的探询。谈论事情并不是相互分享各自的经验，这里没有丝毫分享，只有真理的美。你和我都不能将真理据为己有。它就在那里。

要智慧地谈论事情，还必须具备某种品质，不仅饱含情感，而且要怀有疑虑。你知道，除非你怀有疑虑，否则就不可能探询。探询意味着心怀疑虑、亲自发现、逐步揭示；当你这样探索时，你就不必跟随任何人，也不必要求别人更正它或遵循你的发现。但是，这一切都需要你极具智慧、高度敏感。

说这番话，我希望没有妨碍你提出问题！你知道，我们就像两个朋友般一起探讨事情，既不坚持主张，也不试图支配彼此。我们每个人都是在一种友好的伙伴情谊的氛围中，轻松友善地进行交谈，尝试有所发现。在这种心灵状态中，我们的确会有所发现。但是，我要和你明确一点，我们所发现的东西意义甚微。因为，重要的事情是去发现，并且在有所发现之后继续前行。在自己所发现的事物中停滞不前是极其有害的，因为如果这样，你的心灵就会封闭、枯竭。相反，如果你能即刻放下自己所发现的事物，心灵就会像潺潺溪水一样汩汩流动，像水量充沛的河川那样奔腾不息。

一九六五年八月一日，萨能第十次公开谈话

《克里希那穆提文集》第十五卷

目录

第一章 一颗全新的心灵

心灵如果没有自由，任何探究就都是不可能的。

对于大多数人来说，这必定是相当明显的，那就是，在世界范围内一定会有一场巨大的革命——这场革命不是文字的，不是观念的，不是信仰或教义的互换，而是一次转变，一场在思想上的彻底突变。因为在这个世界上，即我们的世界——我们生活、居住的世界——伙伴、关系、工作、观念，以及我们持有的信仰和教义，这一切有时为我们制造了一个可怕的世界，充满冲突、苦难和永无休止的悲伤。然而，没有人否定它。尽管我们每一个人都意识到了世界上这类事件异乎寻常的表现，但我们仍然接受了它，就好像这是一种正常的状况。我们日复一日地忍受这一切，从不探询革命的必要性和紧迫性——这场革命既不是经济层面的，也不是政治层面的，而是比这些都重要得多的革命。这就是我们将要谈论的，我们将在三周时间内一起谈论，一起探究。

然而要探究，就必须有自由。进行真正、深刻、持久的探讨，你就必须抛开你的书本、你的想法和你的传统。因为，如果没有自由，则任何探究都是不可能的。当心灵被无论哪种教义、传统或信仰等捆绑时，都永远不可能进行探究。我们大多数人的困难并不在于我们没有能力去探询，不在于我们没有能力去研究，而在于我们显然根本不能够放下那些东西，将它们搁置一旁，由此，我们可以带着一颗清新、年轻、纯真的心灵来观察这个世界，看一看正在这世界上发生的所有事情。

去研究或探询所有触及我们生活的那些问题——死亡、出生、婚姻、性、关系，有没有一种超越头脑限度的事物，以及什么是美德——这种美德需要自由去摧毁，因为，只有当你能够彻底毁掉自己持有的所有那些或神圣或正确或有道德的事物，你才能发现什么是真理。我们将探讨一切事物，质疑一切事物，拆毁人类数世纪以来所建造的房屋，来发现什么是真理。这一切都需要自由，需要有能力进行探讨的头脑，需要一颗严肃认真的心灵。我所说的“严肃认真”是指对某个念头追寻到底的一种能力，是不害怕面对任何结果的一次质疑，否则就没有探寻，没有研究，我们仅仅停留在表面上，然后玩文字和观念游戏。如果一个人充分观察正在发生（一九六二年的讲话）的那些事情——不是机械地观察或技术上的观察，而是在人与人之间的关系中去观察——当他观察到世界各地的发展都在否定自由时；观察到在社会力量之下，个人已不再是个人时；还有，当他观察到国籍正如何越发严重地将人类划分开来时，尤其是在这个不幸的国家（印度），那么，某种深层的反抗必然会发生。

在我看来，首先要探讨的是社会——社会的结构是什么、本质是什么——因为我们是社会的存在，你并不能单纯依靠自己而存活。纵然你退居到喜马拉雅山脉，或者成为一名隐士或托钵僧，你也不能仅仅依靠自己存活，你和他人是相互关联的，而你和他人的关系就创造了我们称之为社会的结构。也就是说，你和我有关系，我们相互交流，在这份交流和这种关系中，我们创造并建立了一个叫作社会的结构。社会及其结构有意识或无意识地影响着每个人的心灵，我们生活中的文化——传统、宗教、政治和教育——过去的和现在的全部文化，都在塑造我们的思想。所以，要带来一场彻底的革命——在意识层面，必定有一场革命或一次危机——你就必须质疑社会的结构……

我们不是在处理观念，不是在处理各种信仰或者教义，我们关心的是，带来一种不同的行动、一颗不同的心灵、一个作为人类的不同存在体；然而，要真正深刻地研究这个问题，我们一定不能成为词语的奴隶。从最开始就明白这一点是非常重要的，因为词语永远不是事物。“鸟”这个词并不是鸟，它们是两种不同的事物。但是，我们大多数人都满足于词语，而不去领会言外之意。我们满足于将自己称作“个人”，然后讨论社会及其结构。然而，究竟有没有一个独立的人呢？因为我们是受环境影响的结果，我们就是社会，是我们称为社会的那种结构的结果。你一直是作为一个印度教徒、佛教徒或任何你愿意的称呼被抚养长大的，你是某种特定社会影响的结果。因此，我们必须深刻意识到词语的影响，然后亲自去发现，我们是在何种程度以及何种深度上，成了词语的奴隶。

如果没有打下基础，那么你如何能走得远？你如何能发现是否存在某种超越词语和划分，超越人类局限的事物？当然，先生们，我们称为社会道德的事物——它允许你可以野心勃勃、充满嫉妒和贪婪，或是拥有权力等等诸如此类特征，这些都被称为是有道德的——你追求这一切。然而，具有这样的道德和美德，你又如何能发现那个超越一切美德、超越一切时间的事物呢？

存在着超越一切时间的事物，存在着某种不可度量的永恒之物；不过，要找到它、揭示它，你必须打下基础。我所说的“社会”不是指这个外部的结构，不是炸毁建筑物，不是丢弃服饰然后穿上托钵僧的衣袍，或成为一名隐士——那并不会摧毁社会。当我谈论社会时，我是指社会的心理结构，我们的思维、头脑的内在结构，我们进行思考的心理过程。需要彻底改变这一切，才能发现和创造一颗全新的心灵。你需要一颗全新的心灵，因为，如果你观察世界上正在发生的事情，就会看到，自由正越来越普遍地被政客们发展进步，被组织化的宗教、被机械的和技术的程序所否定。电脑正越来越广泛地取代着人的功能，而电脑也非常适合做这件事。美德正在由化学药品带来：通过服用某种化学药品，你就可以摆脱生气、愤怒和空虚，你可以通过服用一片镇静剂使自己的头脑静下来，然后你就能够变得非常安静。因此，你的美德正在被化学药品改变着，你不需要为了变得具有道德而经受各种严苛考验。这一切正在世界上发生着。因此，要创造一个新世界，不是在化学药品上的，不是工业和政治上的，而是在精神意义上的新世界。请允许我使用这个词语“精神上”——如果你归属于任何宗教、任何国籍，你就不可能是精神上的。如果你称自己是印度教徒、佛教徒或基督徒，你就永远不可能是精神上的。只有当你改变了你生存其中的社会的心理结构时，改变野心、贪婪、嫉妒、孜孜追求权力的心灵，你才可能是精神上的。对于我们大多数人来说，这个世界就是现实，再没有别的了，这就是我们都想要的，从权位最高的政客到大街上地位卑下的民众，从最崇高的圣人到普通的崇拜者——这是每个人都想要的社会。然而，如果不打破它，那么你做任何事都将没有爱，也不会有触手可及的幸福，你总会充满冲突和痛苦。

因此，正如我说的，我们将要探讨社会的结构。社会结构通过思想创建起来，社会结构的结果是大脑，就是我们现在拥有的这个大脑——如今它已习惯了获取和竞争，习惯了变得有权势，习惯了不择手段或是不正当地赚取钱财。这个大脑就是我们生活的社会的结果，是我们被培养长大的文化的结果，是那些宗教偏见、教义、信仰和传统的结果。这一切都是大脑，大脑就是过去的结果。请审视你自己，对于我正在说的这些话，请一定不要只是听听而已。

你知道，有两种听的方式。一种方式是，你只是听见一些词语，然后追问词语的意思——这是有比较地去听、听到，是在责备、翻译和解释别人正在讲的话，我们多数人就是这样做的。当某事被提到时，你的大脑立刻如条件反射般将它转换成你自己的特定语言和经验；你要么接受那些让自己感到愉悦的话，要么拒绝那些令你不快的话。你仅仅是在反应，你并没有听。但是，还有另外一种听的方式，它需要极大的关注。因为在这样的聆听中，没有翻译和解释，也没有责备和比较，你只是用自己的全部身心在聆听。心灵能够如此聚精会神地聆听，就会即刻了悟，它摆脱了时间和头脑的束缚，头脑就是我们于其中长大的这个社会结构的结果。只要大脑还没有变得彻底安静下来，还是极度活跃，那么，大脑就根据它的制约来诠释思想和经验，因而每个思想和每种感受就阻碍了全面的探询和研究。

先生们，请看，在这里听讲演的大部分人，要么是印度教徒，要么是基督徒。你从小就被告知是一个印度教徒，那个记忆通过大脑内部细胞的联系得到强化，然后每个经验和思想都根据这样的局限被诠释。然而，这种局限阻碍了你对于生活的全部理解。生活并不是一个印度教徒或一个基督徒的生活，它是比这些要宽广得多、有意义得多的某件事情，这是一个受制约的头脑所不可能理解的。生活是悲痛，是愉悦，它具有某种非凡意义的美感；生活是爱，是伤感、焦虑、愧疚——生活是所有这一切的总和。然而，如果没有理解这一切，你就不可能有所发现，悲伤就没有出路。要了解全部生活，大脑就必须变得彻底安静——就是这个被各种事物所制约的大脑。它被你生于斯长于斯的文化所制约，被每个根据记忆而做出反应的思想所制约，被那些对挑战和过去做出回应的经验所制约，所有这些都集中在大脑里。如果没有理解这整个过程，则头脑永远不会安静。所以，要带来一颗全新的心灵，大脑就需要绝对明了自身，意识到自身的反应，觉察到自身的迟钝和愚蠢，以及局限的影响。大脑必须觉察自己，它必须质疑自身而不去寻求任何答案，因为每个答案都是它自身过往经历的投射。因此，当你为了寻求答案而质疑时，这个答案仍旧囿于受制约的心灵和大脑的疆域之内。所以，当你质疑时——当你觉察你自己，觉察你的行动，觉察你思考和感受的方式、讲话的方式、行动的方式，觉察到所有这一切时——不要去寻找答案，而是看着它、观察它。在这样的观察中，你将看到，大脑受制约的状态开始松动了。当你这样做的时候，你就独立于社会之外了。因此，首先重要的是探询和研究你自己——不是针对你的上师所告诉你的那些话，而是探询你自己——探询你的心灵和头脑的运作方式，探询你的思考方式。

突变不同于改变。请注意听，改变暗含着时间，暗含着渐变，暗含着对已存在之物的延续，是一种经过修饰的含有时间的变化。然而，突变意味着一种完全的打破，从而某样新事物就出现了。在突变中则没有时间，它是即刻发生的。我们关心的是突变而不是改变，是即刻全然地终止野心。即刻粉碎野心就是突变——即刻发生，不允许时间的渗入。

随着不断前行，我们将继续深入探讨这一点。不过，只要去领悟其中的重要意义即可：到目前为止，我们已历经了数世纪之久的生存，逐渐改变着，逐渐塑造着我们的思维、心灵、思想和感受。在此过程中，我们持续生活在悲伤和冲突中，从来没有一天或者一个片刻全然摆脱了悲伤。然而，悲伤一直在那里，隐藏着、压抑着。我们现在探讨的事情就是，完全终止因而发生彻底突变。这样的即刻转变就是宗教革命，我们将在今天稍做解释。

重要的是去理解看的特征、听的特征。有两种看的方式——只有两种。你要么是带着知识和观念去看，要么是直接看到而不带有知识和观念。当你带着知识和观念时，实际上发生的事情就是，你并没有在看，你只是在解释和给出意见，你在阻碍自己去看。但是，当你不带有知识和观念去看时——这并不意味着当你观察时头脑变成一片空白，相反，你是全然地看——这种方式的看就是时间的止息，因而就会产生即刻的突变。举例来说，如果你充满野心，你说自己将逐渐改变——这是社会所赞许的习惯。社会发明了各种各样的方法和手段，缓慢地去除你的野心。然而，在生命尽头，你依然野心勃勃，依然处于冲突中——这完全是幼稚和不成熟的做法。成熟的方式就是面对事实，然后即刻终止它。当你不带有观念和知识去观察事情时，你就能够立刻终止它。

知识是过去的积累之物，思想从中产生。因此，思想并不是带来突变的方法：思想阻碍了突变的产生。请注意，你必须非常仔细地探询这一点，不要只是接受它或否定它。我将在这次讲话期间探讨它，但是首先，请抓住其中的精髓，汲取营养……我们关心的是即刻终止，这样，一颗全新的心灵就能够出现。

你需要一颗全新的心灵。因为，我们必须创造一个崭新的世界——这个新世界不是由政治家所创造出来的，也不是那些宗教人士和技术人员所创造出来的，而是由你我这些平凡普通的人们来创造的。因为，正是我们自己必须彻底转变，正是我们自己必须在头脑和内心中带来一场突变。只有当你能够看见事实，与之共处时——不是试图找一些借口、教条、理想或逃避方式，而是全然彻底地与事实共处，这样的突变才会即刻发生。你将看到，这份全然的看止息了冲突。而冲突必须停止。只有当心灵彻底安静下来，不再处于冲突的状态中，这时，心灵才能够探索得非常深远，从而进入那个超越时间、超越思想、超越感受的永恒境地。

一九六二年二月二十一日，孟买第一次公开谈话

“克里希那穆提文集”第八卷

我们既是社会存在体，也是个体；既是公民，也是个人，是悲伤与快乐同在的独立“成长者”。

我们沿着一条拥挤的街道行走着，两旁的人行道上行人如织，私家车和公共汽车排放的污浊废气扑鼻而来，商店里摆放着许多昂贵或廉价的物品。天空苍白微亮，我们走出这条喧嚣的大街，此刻的公园里舒适宜人，我们继续行走，来到公园的深处，然后坐下来。

人们正谈论着国家以及政府的军事化和立法，这些事情几乎从各个方面吸引着个人的注意力，人们对于国家的崇拜正在取代对神明的崇拜。在大多数国家里，政府正渗透到民众非常私密的生活领域中，告诉民众应该读些什么、想些什么。国家监控着公民的生活，用神一般的眼睛关注着他们。国家也正在取代教堂的功能，它是新式的宗教。人们过去是教堂的奴隶，现在却从属于国家。之前是教堂，现在是国家在操控着人的教育，而教堂和国家并不关心人的解放。

个人与社会的关系是什么？社会显然是为了个人而存在的，而不是相反。社会为了人的成熟而存在，它给予个人自由，以使他可能有机会唤醒自己最高的智慧。这种智慧不仅是培养某种技能或知识，它还会触及具有创造力的现实，这个现实无关肤浅的头脑。智慧并不是一种累积的结果，而是从逐步发展的成就和成功中解脱出来的自由。智慧从来不是静止之物，它不可能被复制或标准化，因而不可能被传授。智慧是在自由中发现的。

集体意志及其行动，也就是社会，并没有给个人提供这样的自由。因为，社会不是有机体，它是固化的：社会是为了给人提供方便而构建聚合所形成的，它并没有自身的独立机制。人或许会占领社会，引导它，塑造它，对它施以专政，这些都取决于人类自身的心理状态。社会并不是人类的主宰，社会可能影响人，但人总会粉碎社会。人与社会之间存在冲突是因为他自己内心处于冲突中，这些冲突是一个静态物体与一个运动物体之间的冲突。社会是人的外部表达，人与社会之间的冲突就是他内心的冲突。除非唤醒人最高的智慧，否则冲突将一直存在，无论这冲突是内在的还是外在的。

我们既是社会存在体，也是个体；既是公民，也是个人，是悲伤与快乐同在的独立“成长者”。如果有和平这回事，我们就必须理解人与公民之间的正确关系。当然，国家更希望我们成为合格的公民，我们自己也愿意将人的权利拱手相让给公民，因为做一个公民要比做一个人更容易些。成为一个合格公民，就是在一个既定的社会模式内高效运作。高效和顺从是对公民的要求，社会使他变得坚韧强硬而又冷酷无情，这样他就可能牺牲人的权利而成为公民。一个合格公民并不必然是一个良善之人，但是，一个良善之人必定是一个合格的公民，而且并不只是某个特定社会或国家的合格公民。因为他首先是一个良善的人，所以他的行为就不会是反社会的，也不会和别人作对；他会和其他良善人士合作生存；他不会追随权威，因为他没有权威；他能够高效做事却没有无情的一面。而那个寻求最高智慧的人会自然而然地避开公民的愚蠢之处。

智慧的人将创造一个健全的社会，但合格的公民并不会带来这样的社会——人可以在其中拥有最高的智慧。如果公民占据支配地位，公民与人之间的冲突就在所难免，而任何故意对人漠视的社会都注定会失败。只有当人的心理过程得到了解时，公民与人之间才有和解。国家，也就是当前这个社会，并不关心内在的人，它只关心外在的人，即公民。社会也许会否定内在的人，但内在的人总是战胜外在的人，他会摧毁那些为公民而设计的精明方案。国家为了将来牺牲现在，总是为了将来保护自己，它把将来看得至关重要，而不是重视现在。然而对于一个智慧的人来说，现在才是最重要的，是现在而不是明天。只有当明天退去，才能了解现实如何。了解现实，就会在当下时刻带来转变，正是这样的转变才至关重要，而不是如何协调公民与人的关系。当这样的转变发生时，人与公民之间的冲突就停止了。

《生命的注释》第一卷

你是什么样子，世界就是什么样子，因此，你的问题就是世界的问题。

我认为我们多数人都意识到了一场内在革命的紧迫性，仅仅这场革命就能够带来外部世界和社会的根本转变。我本人以及所有用心良苦的人们倾注全部心力所思考的正是这个问题：如何在社会上带来一场深刻的根本转变，这就是我们的问题。然而，如果没有内在的革命，外部世界的变革就不可能发生。社会总是静止的，如果没有伴随着这种内在革命，那么外在的行动和改革并不会带来多少改观。没有这种持续不断的内在革命，希望就很渺茫。因为没有内在革命，外部的行动就会变成重复的习惯模式。你和另一个人之间的关系，以及你和我之间的关系就是社会。如果没有这种持续发生的内在革命，没有一种具有创造性的心理转化，这个社会就变得停滞不前，而不会具有一种富于生命力的品质。正是因为没有持续的内在革命，社会总是变得固化而易碎，因此才必须不断被粉碎。

你自身和悲伤、混乱的关系是什么？包括你内在的以及周围的悲伤和混乱。当然，这种混乱和悲伤并不是自动出现的。你和我制造了它，不是某个资本主义、共产主义或法西斯社会所带来的，而是你和我在彼此的关系中制造了悲伤和混乱。你内在的模样投射到外部，投射到这个世界上。你是什么样子，你的想法和感受，你在日常生活中的所作所为，都被投射到了外部，这些就构成了世界。如果我们内心苦恼困惑，糟乱一团，那么经由投射，它就变成世界和社会。因为你和我之间的关系，我和另一个人之间的关系就是社会——社会是我们关系的产物。如果我们的关系是混乱的、自我中心的、狭隘局限的或是属于某个国家的，我们就会投射出这一切，然后将混乱带到这个世界上来。

你是什么样子，世界就是什么样子。因此，你的问题就是世界的问题。毫无疑问，这是一个简单而基本的事实，不是吗？在我们和某个人或其他很多人的关系中，我们似乎总是莫名其妙地忽视了这一点。我们想通过某个体系，或是通过基于这个体系的观念或价值革命带来变化，而忘记了正是你和我创造了社会，是我们赖以存在的生活方式带来了混乱或者秩序。所以，我们必须从近处着手。也就是说，我们必须关心自己的日常生活，关心自己每天的想法、感受和行为，它们通过我们赚钱养家的方式，在我们与观念或信仰的关系中被揭示出来。这就是我们的日常生活，不是吗？我们关心的是生计、找工作、赚钱，我们关心自己和家人以及邻居的关系，我们也关心观念和信仰。如果你审视自己的工作，它从根本上来说就是建立在嫉妒之上的，而不仅是一种谋生手段。社会就是这样建立起来的，它是一个持续冲突的过程，是不断成为什么的过程。社会的基石就是贪婪和嫉妒，是羡慕上司：职员想成为经理。这一点就表明，他关心的不仅是谋生以及维持生计的手段，而且是地位和声望。这样的态度自然就会在社会和关系中制造混乱。如果你和我关心的只是生计问题，那么我们应该可以找到正确的谋生手段，一种不基于嫉妒的手段。嫉妒是关系中最具破坏力的因素之一。嫉妒意味着对权力和地位的欲望，这两者密切相关……

我们的关系是建立在什么之上的呢？你和我之间的关系，你和另一个人之间的关系——这就是社会，它建立在什么基础之上呢？毫无疑问，不是基于爱，尽管我们都谈论着爱。关系并没有建立在爱的基础上。因为，如果有爱，就会有秩序，你我之间就会有和平与幸福。然而，在你我之间的关系中，存在着相当多貌似尊重的敌意。如果我们两个人在思想和情感上是等同的，就不存在尊敬，也不会有敌意。因为我们是两个独立的个人相遇了，不是作为门徒和导师，也不是像丈夫支配妻子或者妻子支配丈夫那样。当敌意出现时，就产生了支配的欲望，这种欲望激起妒忌、愤怒和冲动，所有这些都在我们的关系中不断制造着冲突，而我们又试图逃离这些冲突，这种行为模式就导致了进一步的混乱和悲伤。

至于观念，也就是我们日常生活、信仰和准则的那部分观念，它们难道没有在扭曲着我们的心灵吗？因为，我们大部分的观念都来源于自我保护的本能，不是吗？我们的观念——天哪，那么多观念！——它们难道没有被赋予错误的意义吗？也就是它们自身并不具有的那些意义。因此，当我们持有不同形式的信仰时——不管是宗教的、经济的或是社会的——当我们信仰神明、信仰理念、信仰将人与人划分开来的社会体系、信仰国家主义等等时，我们无疑就在把错误的意义加诸信仰之上。这是愚蠢的象征，因为信仰分裂了人，并没有使人团结。所以，我们可以看到，通过我们自己的生活方式，我们就可能制造出秩序或混乱、和平或冲突、幸福或悲伤。

因此，问题是：在这个静止的社会存在的同时，是否可能有这种内心持续革命的个人存在。就是说，社会革命必须从个人内在心理的转变开始。我们很多人都希望看到社会结构的重大变革，就是世界持续进行的全部斗争。如果出现一场社会革命，那也是针对人的外部结构的行动。无论这场社会革命可能多么激进，如果没有伴随个人的内心革命，没有个人心理上的转变，那么这场革命的本质就还是静态的。因此，要创造一个不断焕发着勃勃生机的社会，既没有重复，也不会停滞不前或分崩离析，个人就必须在心理结构上进行一场革命。因为，如果没有内在的心理革命，仅仅外部的变革则意义甚微。也就是说，社会总会变得结晶易碎和停滞不前，因而总是在崩溃瓦解中。因为革命必须在内心发生，不是只在外部。

……我们看到，在印度、欧洲国家、美国，在世界的每个地方，当前的社会结构是如何在快速地瓦解，我们在自己的生活中也了解到这一点，当我们沿着街道行走时就能够观察到，不需要知名的历史学家来告诉我们社会正在瓦解这一事实。所以，必须有新的设计师和新的建设者来创造一个新的社会，这个社会结构必须建立在新的基石之上，基于最新发现的事实和价值标准。然而，这样的建筑师并没有出现，还没有一个建设者观察或意识到社会结构正在崩溃的事实，因而正在使自己转变成这样的建筑师，这就是我们的难题。我们看见社会在崩溃瓦解，正是我们，你和我，必须成为这样的建筑师。你和我必须重新发现价值，并且在一个更为根本和持久的基石上去建设。因为，如果我们寄望于职业建筑师们或者那些政治和宗教上的建造者，那么，我们将分毫不差地回到之前的相同位置上……

为什么社会在瓦解、坍塌，就像它必定如此这样？其中最根本的原因之一就是个人，这个“你”不再具有创造性了。我接下来就解释这句话的意思。你我已变得喜好模仿，不管是在外部环境还是内心深处，我们都在复制抄袭。从外部来看，当我们学习一门技术或在言语层面上彼此沟通时，必定有某些模仿和复制。我就正在重复单词。要成为一名工程师，我首先必须学习这门技术，然后运用该技术去建造桥梁。在外部技术上，必须有一定量的模仿和复制。但是，当内在心理上存在模仿时，我们的创造力就必然停止了。我们的教育模式和社会结构，以及所谓的宗教生活都基于模仿。也就是说，我适应了某种特定的社会或宗教模式，不再是一个真正的人类个体了。我在心理上成了一台只具有某些条件反射的重复机器，不管是印度教、基督教或佛教的反应模式。我们受此制约，根据社会模式做出反应，东方或西方的、宗教或唯物的社会模式。因此，造成社会瓦解的根本原因之一就是模仿，其中一个瓦解因素是领导者，它的实质正是模仿。

为了弄明白这个日渐瓦解的社会的本质，我们来探讨一下：你和我，也就是个人，是否可能具有创造性。这难道不重要吗？我们可以看到，存在权威的地方就必定有模仿。既然我们的整个精神和心理的构成都基于权威，我们就必须摆脱权威才会有创造性。在拥有创造力的时刻，就是在你兴趣盎然、相当快乐的那些片刻里，并没有丝毫的重复和模仿，你难道没有注意到这一点吗？这样的片刻总是焕然一新、鲜活生动、充满乐趣、具有创造性。所以，我们看到，社会瓦解的根源之一就是模仿，也就是对权威的崇拜。

《最初和最终的自由》

如果人对自己是负责的，那么他就会对社会产生影响。

……如果没有个人的根本转变，社会就成为负担，成为不负责任的延续，个人就只是社会的一个小齿轮。

有一种强烈的倾向认为，个人在现代社会中是无足轻重的，所以必须穷尽一切可能的手段来控制个人，塑造他的思想——通过宣传和惩罚，通过形式繁多而且规模宏大的传播途径。在如此不堪重负的社会里，个人感到犹如大山般的压力扑面而来，他想知道自己在社会中能发挥什么样的作用。然而他感到几乎无能为力。面对这种巨大的混乱、堕落、战争、饥饿和悲伤，个人必然会自然而然地问自己这个问题："我能做些什么？"然而我认为，这个问题的答案是，他什么也不能做。这是显而易见的事实。个人并不能阻止一场战争，不能赶走饥饿，不能对宗教偏执叫停，也不能阻止国家主义及其全部矛盾冲突的历史进程。

我认为，提出这样一个问题本身就是错误的。个人的责任并不是对于社会的责任，而是对他自己的责任。如果人对自己是负责的，那么他就会对社会产生影响——而不是相反。显然，个人对于社会的混乱无能为力。但是，当他开始清除自身的混乱、矛盾、暴力和恐惧时，这样的个人就会在社会中发挥无比重要的作用。我想，几乎没有人意识到这一点。看到我们在世界范围内不能做什么事情，就彻底什么也不做了，这真是一种逃避，逃避了能够带来彻底改变的自我的内在行动。

因此，我是作为一个人在对另一个人讲话。我们不是作为印度人、美国人、俄罗斯人或中国人在交流，也不是作为任何特定群体的成员在交谈。我们是作为两个人在谈论事情，并不是一个门外汉和一个专家之间的谈话。如果对这一点非常清楚，那我们就可以继续往前走。

在社会中，个人显然才是最具意义的。因为，只有个人能够付诸具有创造力的行动，而不是群体——我接下来会解释“创造力”这个词的含义。如果你看清这个事实，那么，你将意识到自己内在的本性是什么，这才是最重要的。你思考的能力以及整体运作的能力，不会有自相矛盾的整合状态——这才是具有非凡意义的事情。

我们认识到，如果世界会有任何真正转变的话——必定会有一场真正的转变——那么，你和我，作为个人的我们，就必须转变自己。因为，除非我们每一个人的内在发生彻底转变，否则，生活就成为一场没完没了的模仿过程，这最终导致了厌倦、挫败和绝望。

一九五九年二月十八日，新德里第四次公开谈话

“克里希那穆提文集”第十一卷

第二章 一个全然不同的世界

每一个人都必须亲自去体验事情而不受影响，不是由于任何自我中心的兴趣或者驱动力。

我认为，我们并没有意识到个人的意义或重要性。正如我前几天所说的，想要带来一场深刻的宗教革命，毫无疑问，一个人必须不再依据普遍的和集体的观点而思考。任何被当成普遍或集体的事情是属于所有人的，从来不可能是真实的——这里“真实”的含义是指，由每一个人不受影响地直接体验到，没有自我中心的兴趣这类推动力。我认为，我们并没有充分意识到这方面的严肃性。任何非常真实的事情一定是完全个人的——并不是自我中心意义上的个人……这里，个人是指我们每一个人都必须亲自去体验事情而不受影响，不是由于任何自我中心的兴趣或者驱动力。

我们可以看到，当今世界，万事万物如何朝着集体思维在行进：每个人思考问题的方式都很相似。尽管各国政府没有强制要求这一点，但都在悄无声息、孜孜不倦地致力于此。有组织的宗教显然正根据各自的模式在塑造着人们的思想，希望借此带来一套普遍的道德准则，一种适用全人类的体验。但我认为，无论什么事情，一旦被当成全体适用的，其意义就都可能令人怀疑。因为，这从来不可能是真实的，它失去了自身的生命力，没有直接和实际的性质。然而，这却遍及全世界。所以，要使心灵摆脱错误的宇宙普适原理，并且不带私心地转变自身，这的确是一件非同寻常的困难事。

一九五六年九月九日，德国汉堡第三次公开讲话

“克里希那穆提文集”第十卷

你的行动具有非凡的意义，你实际的样子会影响你生活的那个世界。

个人是什么样子，社会就是什么样子。你是谁，这极其重要。它不仅是一句口号，如果你非常深入地探索时，就会发现你的行动具有多么非凡的意义，你实际的样子会如何影响你生活的那个世界——由你自身各种关系组成的世界，不管这些关系范围多么狭小，空间多么受限。所以，如果我们能够发生根本转变，在自己内心带来一场彻底革命，那么，我们就有可能创造一个不同的世界和一套不同的价值体系。

一九五二年四月二十四日，伦敦第六次公开谈话

“克里希那穆提文集”第六卷

在任何具有创造力的行动中，重要的是个人。

我是在对个人讲话。因为只有个人能够转变，而不是大众；只有你能够转化你自己，所以，个人极其重要。我知道，现在谈论团体、大众和族群非常流行，就好像个人一点儿都不重要。但是，在具有创造力的行动中，重要的是个人。任何真实的行动、重要的决定、对自由的追寻、对真理的探索，都只能来自有所了悟的个人……如果我们当中有人是真正意义上的真实个人，他总在尽全力去了解心灵的整体运作过程，那么，他就是一个有创造力的独立个人，是一个自由而不受局限的人。他有能力追求真理本身，而不是为了某个结果去追求。

一九五八年九月十日，浦那第二次公开谈话

“克里希那穆提文集”第十一卷

如果个人，也就是你和我，还没有对社会的彻底转变负起责任来，社会就会保持不变。

……集体是由个人组成的。所以，只有个人的反应，你我的反应，才能在世界上带来一场根本的转变。但是，当个人没有认识到自身的责任，而是把责任抛给集体，那么，集体就会被精明的宗教领袖所利用。相反，如果你认识到你和我有责任改变世界上的各类状况，那么，个人就变得极为重要，就不仅仅是别人手里的一个工具。

……尽管社会可能是与你分开的存在体，但是，你创造了它，因此唯有你能够改变它。然而，我们没有意识到自己作为个人在集体中的责任。相反，作为个人，我们变得愤世嫉俗、头脑发达而又捉摸不定，我们逃避了自己付诸确切行动的责任，而那必定是具有根本意义的革命。所以，如果个人，也就是你和我，还没有对社会的彻底转变负起责任来，社会就会保持不变。

一九五〇年三月十四日，孟买第六次公开讲话

“克里希那穆提文集”第六卷

只要欲望存在，就一定会有悲伤和挣扎，挫折和痛苦。

我们创造了关系的心理世界，生活在其中，但是，这个世界反过来又在控制着我们，塑造着我们的思维方式、行为模式以及心理状态。你会发现，每个政治团体和宗教组织都紧随人类心智之后——“之后”在此的意思，是想要占取它，想依据某种模式塑造人的头脑。数世纪以来，这些组织化的宗教都试图塑造人类的思考方式。每个特殊团体，无论是宗教的、非宗教的或是政治团体，都在竭力吸引民众，试图使他们停留在自己的模式里。

仅仅去挣脱某种特定的宗教模式，去接纳另一种模式或者建立自己的模式，在我看来，这些做法都不会使我们极度复杂的生活简单化，也不会解决大多数人生活中灾难深重的悲伤。我认为，根本的解决之道在其他地方，这正是我们所有人都在苦苦寻觅的。我们盲目摸索着，加入一个又一个组织，在某个特定社会中找到归属，以图挣脱自己狭隘和局限的生活。然而，在我看来，我们依然困于这种模式的冲突中。我们似乎从来都没有摆脱模式，不管是自己创造的模式，还是宗教权威加诸我们的模式。我们盲目接受权威，希望从自己的冲突、悲伤和挣扎的乌云中摆脱出来，然而，几乎没有哪种权威使人类得到解放。我认为，历史非常清楚地证明了这一点，你们在这个国家对此会非常了解——或许比其他人更了解。

因此，如果将会出现一个新世界——它必定会出现——在我看来，首先重要的，是去理解权威的整个过程：由社会加诸我们的权威；由书本灌输的权威；还有部分人的权威，他们认为自己知道人类的终极利益，试图通过拷打折磨，穷尽各种强制手段逼迫民众服从他们的模式。而我们会迅速跟随这些人，因为，在我们自己的生活中，我们是如此不确定、如此困惑；还有另外两方面的原因——空虚和自负，以及对他人给予我们权利心怀渴望之情。

那么，有可能摆脱这整个的权威模式吗？我们能够摆脱自己身上各种形式的权威吗？我们或许会拒绝其他人的权威，但不幸的是，我们仍然拥有自己的经验权威、知识权威和思想权威，它们反过来又成为引导我们的模式；这些内在权威和来自他人的权威并没有什么本质的区别。我们心怀抵达崇高境地的希望，就产生了跟随、模仿和服从的欲望。然而，只要这样的欲望存在，就一定会有悲伤和挣扎，会有各种形式的压抑、挫折和痛苦。

我想，我们并没有充分意识到摆脱这种被迫跟随内在或外在权威的必要性。所以，我认为，在心理上了解这种强迫性是非常重要的；否则，我们就会在这个我们生活和赖以存在的世界上继续盲目挣扎着，永远也不会找到那个无限伟大的事物。如果要发现一个全然不同的世界，毫无疑问，我们就必须从这个充满模仿和服从的世界中挣脱出来。这意味着，在我们生活的方方面面——我们的行动方式、思维方式和感受方式——都要发生一次真正的彻底转变。

然而，我们大多数人并不关心这个问题，对于自己的思想、感受和行为的了解，我们漠不关心。我们只关心相信什么或者不相信什么、跟随谁或者不跟随谁。我们从来没有深切关心过，是否可以在自己内心进行一场彻底的转变——在我们的日常生活方式、说话方式，以及我们对他人想法的敏感度上——我们不关心这类事情。我们开发智力，获取无数事物的相关知识，但是，我们内在没有丝毫改变，依然充满野心、残酷、暴力、嫉妒，背负着头脑善于应对的那类微不足道的事情。因此，看到这一切，我们有没有可能从这渺小的心灵中解脱？我认为，这才是唯一真正的问题……

一九五六年九月十六日，德国汉堡第六次公开谈话

“克里希那穆提文集”第十卷

头脑就是制约的结果。

头脑是容纳我们所有制约的场所，这些制约包括知识、经验、信仰、传统，认同于某个特别团体等。头脑就是制约的结果，它处于受制约的状态；任何问题经由头脑去解决，必定会进一步加剧这些问题。只要头脑去处理什么问题——无论是哪个层面的问题——都可能制造更多的麻烦、更多的痛苦以及更多的混乱。

一九五〇年四月九日，巴黎第一次公开谈话

“克里希那穆提文集”第六卷

毫无疑问，我们并不是对制约有所察觉，我们仅仅是觉察到冲突、疼痛和快乐。

克里希那穆提，他十分热心于帮助人类以及从事良善的工作，在各种社会福利组织中，他都表现得很活跃。他说自己几乎从没有休过一次长假，自大学毕业以来，他就在为了改善人类的处境而持续工作。当然，做这些事情，他未拿分文报酬。对他而言，这些工作一直都非常重要。他和自己所做的事情密切相连。他已成为一名上层社会工作者，而他确实很喜欢这份工作。但是，在其中一次谈话中，他对那些使心灵深受制约的各种逃避方式有所耳闻，所以，他想就此深入探讨一下。

提问者：您认为作为一名社会工作者是在制约自己吗？它只会带来进一步的冲突吗？

克里希那穆提：让我们来弄清楚“制约”是什么意思。我们什么时候觉察到自己是受制约的呢？我们曾觉察到制约了吗？你是觉察到自己深受制约，还是仅仅觉察到了冲突和挣扎——在你生存的各个层面的冲突和挣扎？毫无疑问，我们并不是对制约有所察觉，我们仅仅是觉察到冲突、疼痛和快乐。

提问者：您说的冲突是指什么？

克里希那穆提：每一种冲突：国家之间的冲突，不同社会团体之间的冲突，人与人之间的冲突，还有自己内在的冲突。如果付诸行动的个人及其行为之间没有整合，挑战和回应之间没有融合，难道可以避免冲突吗？冲突就是我们的问题，不是吗？不是指任何一个特殊冲突，而是全部冲突：观念、信仰、意识形态之间的斗争，对立双方的争吵。如果没有冲突，就不会有问题存在。

提问者：您是建议我们都应该去寻找一种孤立和

静思的生活方式吗?

克里希那穆提: 静思是很难的，它是最难以理解的事情之一。至于孤立，尽管每一个人都在以各自的方式有意识或无意识地寻找一种与世隔绝的生活，但孤立并没有解决我们的问题，它反而加剧了问题。我们都在尽全力想弄明白制约的因素有哪些，然而这又带来进一步的冲突。我们只能觉察到冲突、疼痛和快乐，我们并没有觉察到制约。是什么导致了制约?

提问者: 各种社会环境的影响，我们生活其中的社会，我们在此长大的文化，还有经济和政治的压力，等等。

克里希那穆提: 是这样。但这是全部吗?这些影响是我们自己制造的，不是吗?社会是人与人之间关系的产物，这一点显而易见。这种关系是利用和需要的关系，是舒服和满足的关系，这样的关系产生了使我们紧紧相连的各种影响和价值观。通过我们的思想和行动，我们紧密联系在一起。而目前，我们还没有觉察到制约。除非我们有所觉察，否则，只会制造进一步的冲突和混乱。

……尽全力去觉察你的制约吧。你只能间接地去了解它，和其他什么事情联系在一起去了解它。你不能把制约当作一个抽象事物而意识到它，因为那样一来，它就仅仅是一个词语，并没有多大意义了。我们只是对冲突有所觉察。

《生命的注释》第二卷

我们的困难就在于，要在我们自身带来一场革命，这需要巨大的能量，然而拥有这种能量的人寥寥无几。

一个人每天去寺院，诵读《薄伽梵歌》《圣经》或者做礼拜祈祷，参加某种庆典，没完没了地重复某些词语，念诵克里希那、罗摩等名号，身披所谓的圣衣，渴望去朝圣——你认为他是宗教人士。但是，这毫无疑问不是宗教。然而，我们大多数人都困于其中，难以逃脱。要摆脱和打破我们的制约，这需要极大的能量。我们还不具有这些能量，因为，我们把精力都放在赚钱养家上，我们消耗能量去抗拒任何形式的改变。如果你在印度教社会却不是一名印度教徒，在婆罗门社会却不是一名婆罗门，或者在天主教社会而你却是一名基督徒，你可能就会发现要找到一份工作并不容易。

因此，我们的困难就在于，要在我们自身带来一场革命，这需要巨大的能量，然而拥有这种能量的人寥寥无几。因为，在这里能量是指洞察。要非常清晰地看到任何事情，你必须给予全部的注意力。然而，如果存在任何恐惧阴影的话——不管是经济方面的还是社会方面的恐惧（也就是对社会舆论的恐惧）——只要存在这些恐惧，你就不能给予全部的注意力。在恐惧的状态中，我们认为真相或救赎是某个遥不可及的事物，与尘世无关，是我们必须苦苦追求和探索的事物——你知道那些我们用来逃避日常生活冲突的所有小把戏，我们称之为平静、美德。这就是我们的实际状态，不是吗？

所以，我们看到，组织化的宗教以及那些迷信、信仰和教义根本不是宗教，从来都不是。是我们从小接受的教育让我们把这些事情当成了宗教，我们受此制约。

一九六〇年三月二日，新德里第六次公开谈话

“克里希那穆提文集”第十一卷

要发现什么是真实，心灵必须从信仰和无信仰中解脱出来。

信仰并不是真实。你或许信仰神明，然而，你的信仰和那些无神论者相较而言，并没有多大的真实性。你的信仰是你的背景、宗教和恐惧的产物，而其他人的无神论同样也是他们自身制约的结果。要发现什么是真实，心灵必须从信仰和无信仰中解脱出来。我知道，你微笑是表示同意，但你仍然会继续相信自己的那一套东西，因为这样方便得多，体面和安全得多。因为如果不相信，你或许就会丢掉工作，会突然发现自己一钱不值。所以，重要的是从信仰中解脱出来，而不是你在这间屋子里的微笑和赞同。

一九五五年二月六日，瓦拉纳西第五次公开谈话

“克里希那穆提文集”第八卷

要拥有和平，我们就必须去爱，必须开始认清事情的本来模样，然后依据事实去行动和转变。

显然，导致战争的因素是对权力、地位、声誉和金钱的欲望，还有那种被称作国家主义的疾病，以及组织化的宗教和崇拜信条之类，所有这些都是战争的起因。如果你作为个人归属于任何一个有组织的宗教，如果你对于权力贪婪，如果你心怀妒忌，就势必制造一个终将走向毁灭的社会。因此，再强调一次，这件事取决于你，并不取决于领袖，不取决于斯大林、丘吉尔或其他任何人。决定这件事的是你和我。然而，我们似乎并没有意识到这一点。如果我们一旦感受到自身行动的责任，那么我们该会多么快速地终止所有战争，终止这令人震惊的悲惨！但你看，我们对此并不在意。我们有一日三餐，有工作，或多或少都有自己的银行账户，我们会说："看在老天的份上，别打扰我们，让我们清净一些。"我们越是处于社会的上层，就越想要安全、永久和平静，越不想被打扰，想让事情固定不变；但是，事情不可能保持不变，因为没有什么事情能够保持不变。所有事情都正在分崩离析。我们并不想去面对这些事，不想面对这个事实——你和我对战争负有责任。你我也许会谈论战争，召开会议，坐在圆桌前讨论。然而，内在心理上，我们想要权力和地位，我们被贪婪驱使着。你认为，这样的人，这样的你和我，能在世界上拥有和平吗？要得到和平，我们必须是和平的；和平共处意味着不制造对立。和平并不是一个理想。然而，要拥有和平，我们就必须去爱，必须开始行动，不是开始活在某个理想图景中，而是开始认清事情的本来模样，然后依据事实去行动和转变。假如我们每个人都在寻求心理上的安全，那么我们需要的那些生理上的安全——食物、衣服和住所——就会被摧毁。我们都在寻求实际上并不存在的心理安全；可能的话，我们都是通过权力、地位、称呼和名号来寻求心理安全的，然而，这一切都在损害身体上的安全。如果你仔细看，就会发现这是一个显而易见的事实。

一九四八年七月十一日，班加罗尔第二次公开谈话

“克里希那穆提文集”第五卷

第三章 人类的冲突和绝望

我们人类为了进行一场彻底的转变，已穷尽了一切方法；然而，在根本上，人类丝毫没有改变。

因此，我们的问题是：头脑和心灵，也就是整个人——生理机能的人、神经学意义上的人——如何能够完全转变呢？人类如何才能够彻底转变？这样的转变是必需的，我们认识到这一点。除非发生转变，否则战争将一直存在——一个国家反对另一个国家，一个民族反对另一个民族，所有那些可怕的残酷战争，语言上的差异、经济的差异、社会之间的差异、道德上的差异，还有各种绵延不休的外部争斗和内在冲突——必须转变。那么，一个人如何发生转变呢？

请看到这个问题异乎寻常的复杂性，其中涉及哪些方面。人类已尝试了那么多方法——遁入寺院、弃绝尘世，然后过上僧人的生活、走进深山老林里去冥想、禁食、成为一个独身者，他已用尽了所有可能想到的方法，去催眠自己、强迫自己、研究和分析自己的意识，包括有意识和无意识——他遍尝各种方法，想在内心发生一场彻底的革命。他的内在已变得冷酷无情，不仅是作为个体，而且是作为人——这两者完全不同。个体是一个局部存在体：一个佛教徒、一个穆斯林等。个体受环境制约。但是人的概念超越了个体，他关心的是整个人类——不是关于他的国家和语言差异，他的琐碎争斗、争吵以及他那微不足道的神明等——他关心的是人类的整体状态、人类的冲突和绝望。当你看到整体，你就能理解个别，但是个别绝不可能理解整体。所以，对于那些持续进行内省的个体而言，探询就没有丝毫意义，因为，他关心的仍是他自己那受社会制约的生存模式——其中包括宗教和其他。然而，人类受尽了磨难，苦苦思索、探寻……不管是在俄罗斯、中国、美国，还是这里的人。

人类为了进行一次彻底的转变，已穷尽了一切可能的方法；然而，在根本上，人类几乎没有改变。我们仍旧是两百万年前的样子！我们内在仍有非常强烈的动物特征，这些动物特征以及它所有的贪婪、妒忌、野心、易怒和无情，仍然深藏于我们的内心和头脑中。我们通过宗教、文化和文明美化了外在，我们的举止更文明。我们知道得更多一些，我们在技术上已探索得非常深远，我们能够谈论东西方哲学和文学，我们可以环游世界。但是内在上，心灵深处，我们的动物特性根深蒂固。

看到这一切，那么，一个人——作为人类的你和作为人类的我——我们该如何转变呢？当然不是通过眼泪，不是通过智力，不是通过跟随某种意识形态的乌托邦，不是通过外部的强权统治，也不是通过自我施加的高压暴政。所以，我们把这一切都扔掉，我希望你也丢弃所有这一切。你明白吗？放下你的国籍，摒弃你的神明、你的传统和信仰，丢掉我们在成长中所相信的全部东西——要丢弃所有这一切，这是极其难以付诸行动的一件事。我们可能理智上表示同意，但是，无意识深处，我们仍坚持那些过去的重要性，对它们紧抓不放。

现在，你知道了问题所在……

一九六六年二月十六日，孟买第二次公开谈话

“克里希那穆提文集”第十六卷

思想永远不可能是自由的。它是昨天的产物，它只能根据昨天和时间发生反应。

所以，问题就是：思想受到制约，它被固定在某种模式里。思想依据过去应对挑战，然而，挑战永远是崭新的，因而思想就改变了那个全新的东西。思想是昨天的产物，它只能依据昨天和时间发生反应。当你问“我怎样才能从制约的掌控中摆脱出来呢”，你就是在问一个错误问题。思想永远不可能是自由的。思想只知道延续，并不知道自由。自由是在思想停止后才出现的。只有当这种延续过程停止时，才会有自由。思想允许延续发生。所以，思想必须觉察自身的制约而不试图成为什么。这种成为的过程允许思想得以延续，因而不能摆脱制约。思想必须停止，自由才会出现。当思想活跃时，不管是肯定或否定的方面，它就产生了制约，造成这种经过改变的延续过程。

一九四八年一月十八日，孟买第一次公开谈话

“克里希那穆提文集”第四卷

头脑困于制约中，任何形式的改变所带来的只会是另一种不同的制约，而不是一场转变。

一个人可以看到，任何有意识的改变根本不是改变。刻意进行自我改善的过程，刻意培养某种特定的行为模式或方式，这根本不会带来真正的转变。因为，它不过是自我欲望和自我背景的投射，是作为一种反应而出现的。我们大多数人都关心改变的问题，因为我们在摸索中前行、充满困惑。然而，我们当中那些非常认真的人们必须深入探寻这个问题：如何在我们自身发生一场转变。在我看来，困难就在于理解这个事实——头脑困于制约中，所以，任何形式的改变所带来的只会是另一种不同的制约，而不是一场转变。如果我是作为一个印度教徒、基督徒或任何其他称谓的人试图在这个模式里有所改变，那根本不是真正的转变；它或许只是一种看上去更好、更方便、更具适应性的制约罢了。但是，从根本上讲，那并不是转变。我认为，我们面临的最大难题之一，就是我们以为可以在模式内发生改变；然而，对于受社会及各种文化所制约的头脑而言，要在模式内发生一次意识转变，这无疑还是一次制约的过程。如果对这一点非常清晰，那么我认为，我们去探索和发现什么是转化以及如何在我们自身带来彻底转变的可能，这些就变得非常有趣，它会成为至关重要的问题……

一九五五年六月二十四日，伦敦第四次公开谈话

“克里希那穆提文集”第九卷

当一颗受制约的心灵寻求某个问题的答案时，它就是在绕着圆圈打转儿。这样的寻找毫无意义。

因此，关键是如何应对难题，如何着手处理难题。如果你带着找到答案的意图着手去解决任何问题，那么，这个答案就会制造更多问题——这显而易见。重要的是深入问题，然后开始理解问题，只有当你不责备、不抗拒或不把问题推开时，你才能做到这一点。只要头脑在责备、辩护或比较，它就不能解决问题。困难不在于问题，而在于头脑是带着责备、辩护或比较的态度去解决问题的。因此，你首先必须了解心灵是如何被社会和无数存在于你周围的影响所制约的。你称自己是一个印度教徒、基督徒、穆斯林或任何你喜欢的称谓，这就意味着你的心灵受到制约，正是这颗受制约的心灵制造了问题。当一颗受制约的心灵寻求某个问题的答案时，它就是在绕着圆圈打转儿。这样的寻找毫无意义。你的心灵受到制约，是因为你嫉妒，因为你在比较、评判和评估，因为你被信仰和教义所绑缚。就是这种制约制造了问题。

一九五六年三月十一日，孟买第三次公开谈话
“克里希那穆提文集”第九卷

只有当我们认识到心灵不受制约的必要性时，从制约中解脱出来的自由才会出现。

我们大多数人关心的并不是解放心灵，而是更好地制约它，使心灵更高尚，使它这方面更少些或那方面更多些。我们从没有探询心灵彻底摆脱制约的可能性……只有当我们认识到心灵不受制约的必要性，从制约中解脱出来时，自由才会出现。但是，我们从来没有思考过这一点，从来没有探寻过；我们只是接受权威，而且不断有人说，心灵不可能不受制约，所以我们就必须更好地制约它。

而我认为，心灵可以不受制约。这并不是要你去接受我所说的，因为那太愚蠢了，但是，如果一个人真正有兴趣，他就可以亲自去发现心灵是否有可能不受制约。当然，只有一个人意识到自己受到制约，并且不把这种制约当作社会文化中某种高贵的事物或有价值的部分而接受了，那么，这种可能性才存在。不受制约的心灵是唯一真实的宗教之心，只有宗教之心才能创造一场根本的革命，这才是至关重要的事情。不是经济革命，也不是共产主义或社会主义革命。要发现真实是什么，头脑必须觉察自己，它必须进行自我了解，这意味着，对它全部意识和无意识的动力以及强迫力都有所察觉。但是，这个头脑是所有传统、价值观念以及所谓文化和教育的积淀场所，这样的头脑没有能力发现真实是什么。头脑或许会说它信仰神明，但是，它的信仰并不真实，因为那不过是头脑自身局限的投射物罢了。

一九五五年十一月九日，悉尼第一次公开谈话

“克里希那穆提文集”第九卷

以自我为中心的努力并不会消除我们的问题，它增加了我们的困惑、痛苦和悲伤。

……如果我们从自我中心做出努力，就不可避免地制造更多冲突、更多困惑、更多痛苦，然而我们还是继续努力再努力。我们当中只有极少数人意识到，这种以自我为中心的努力行动并不会清除我们的问题；相反，它增加了我们的困惑、痛苦和悲伤。我们知道这一点，却还是继续这样做，希望通过这种以自我为中心的努力行为和意志活动，可以在某种程度上有所突破。

一九五二年四月二十三日，伦敦第五次公开谈话

“克里希那穆提文集”第六卷

思考者及其想法都是欲望的产物。如果没有理解欲望，心灵就会永远陷入无知。

提问者：冲突可能在没有意志力的情况下走向终结吗?

克里希那穆提：没有理解冲突的方式以及它是如何形成的，仅仅去压抑或升华冲突，或是找到某个替代物，这又有什么价值呢?你或许能够压抑某种疾病，但它势必以另一种形式显现自己。意志本身就是冲突，它是挣扎的结果；意志是有目的的直接欲望。没有理解欲望的过程，仅仅去控制它，就是在邀请更深的焦虑和痛苦。控制就是躲避。你或许能控制一个孩子或一个问题，但你并没有借助控制而了解孩子或问题。理解比达到终点重要得多。意志行为是具有破坏性的，因为，朝向某个终点的行动就是自我封闭，是分离和孤立。你并不能使冲突和欲望安静下来，付出努力的人正是导致冲突和欲望的那个人。思考者及其想法都是欲望的产物。如果没有理解欲望——就是处于或高或低等任何层面的那个自我——心灵就会永远陷入无知。通往至高的道路并不在通过意志和欲望可以抵达的地方。只有当付诸努力的人消失时，至高之境才可能出现。正是意志导致了冲突，滋生了成为什么的欲望或者为了到达顶点而寻找道路的欲望。当这个通过欲望拼凑而成的头脑不经由努力而安静下来时，那么，在这种宁静中，真实就出现了，而宁静并不是一个目标。

《生命的注释》第一卷

只有当没有想成为什么的欲望时，才会有和平。

我们都想成为某个人物：一个和平主义者、一个战争英雄、一个百万富翁、一个道德高尚的人或你想成为的其他什么人。正是这种想成为什么的欲望带来了冲突，冲突就制造了战争。只有当内心没有想成为什么的欲望时，才会有和平，这是唯一的真实状态。因为，只有在这种状态中，才有创造和真实。你很崇拜成功，你的主宰者就是成功，是头衔、学位、地位和权威的给予者。你内在总有持续不断的冲突——为了得到你想要的东西而挣扎。你从来没有片刻是安宁的，内心从不安静，因为，你总在力争成为什么，总在努力进步。请不要被“进步”这个词误导了。机械类的事物会进步，但是，思想从来不可能进步，除了就其自身形成过程而言。

一九五〇年六月十八日，纽约第三次公开谈话

“克里希那穆提文集”第六卷

只有一颗混乱的心灵才会选择，一颗清晰明确的心灵会直接了悟。

其中一个荒谬观点认为，人是自由的。当然，人有选择的自由。但是，当他选择时，就已经陷入混乱中了。当你非常清晰地看到某件事，你就不必去选择。请从你自身观察这个事实。当你非常明了某件事情，哪里还有选择的必要呢？并不存在选择。只有一颗混乱的心灵才会选择，会说，“这个是对的，那个是错的”“我必须做这个，因为它是正确的”，等等。一颗清晰明确的心灵会直接了悟。对于这样的心灵而言，并不存在选择。你明白吗？我们认为自己可以选择因而是自由的，这是我们所发明的谬论之一。然而，本质上，我们一点儿也不自由。我们深受制约，你需要对这种制约有相当的了解才会得到自由。

一九六七年十二月十四日，瓦拉纳西和学生的第二次谈话

“克里希那穆提文集”第十七卷

人的心灵总在寻求权力，然而，就在这种对权力的寻找中，它失去了自己的个性。

我认为，我们不再是独立个人的最根本的原因之一，就是这个事实——我们都在追求权力；我们都想成为大人物，甚至在自己家里、在公寓里、在屋子里。就像国家制造了权力的紧张局势一样，每个单独的人都在不断寻求着成为和社会有关的某个大人物：他想得到认可，想被看成一个大人物，被当作一个有能力的官员、有天赋的艺术家、有精神追求的人，等等。我们都想成为什么，而这种想成为什么的欲望就源自对权力的渴求。如果你审视自己，就会发现你想要的是成功，以及对于你的成功的认可，不只是在今生，而且在来世——如果有来世的话。你想得到认可，为了得到它，你依赖于社会。社会只认可那些有权力、有地位、有声望的人；我们大多数人孜孜以求的，正是这种拥有权力、地位、声望的虚荣与傲慢。我们深藏于内心的动机就是有所成就的自豪感，这种自豪感通过不同方式来维持自己。

那么，只要我们在任何方向寻求权力，真正的个性就会被挤压出去——不仅是我们自己的个性，还有其他人的个性，我认为，这是生活中一个基本的心理事实。当我们寻求成为某个大人物时，就意味着我们渴望得到社会认可，成为社会机器里的一颗螺丝钉，如此一来，个人就不复存在了。我认为这才是根本问题。只要心灵在寻求任何形式的权力——通过教派而获得权力，通过知识、财富或德行而获得权力——它必然会滋生毁灭个人的社会，因为那样的话，人类的心灵就受到某种环境的制约和教育，这个环境鼓励个人在心理上依赖成功。心理上的依赖破坏了那个独立而不受侵蚀的清晰大脑，这也是唯一能够正确思考问题的头脑，它独立于社会以及自身的欲望之外。

所以，心灵一直在寻求成为什么，由此增加自身的权力感、地位感和声誉感。从这种成为什么的渴求中就产生了领导阶层、对某人的跟随以及对成功的崇拜，也就不会有对个人内在现实的深刻领悟。如果一个人确确实实看清这整个过程，那么，有没有可能连根砍掉这种对权力的寻求呢？你理解“权力”这个词的含义吗？它就是渴望支配、占有和剥削，渴望依赖他人——所有这些都隐含在这种对权力的追求中。我们能够找到其他更微妙的解释，事实就是，人类的心灵一直在寻求权力，然而，就在这种对权力的寻求中，它失去了自己的个性。

一九五六年三月二十五日，孟买第七次讲话

“克里希那穆提文集”第九卷

一个了悟自由的人，必定会坚决地在心理上解脱出来，而不是物质上。

……只要你渴求金钱，充满妒忌和野心，追求权力、地位和声望，社会都会赞赏这一点，你的所作所为就基于这些方面。这样的行为被认为是可敬的、有德行的。但是，这根本不是有道德的行为。任何形式的权力都是邪恶的：丈夫支配妻子的权力或妻子控制丈夫的权力等。越是专制，就越偏执；这是事实，是一个可以证明、可以观察到的事实，然而，社会赞许它。你们都崇拜当权的人，你的行为的根基就是这种权力。所以，如果你看到自己的行动是基于对权力的获取以及对成功的欲望，基于在这个社会中成为大人物的欲望，那么，直面这个事实就会带来一种截然不同的行动，这才是真正的行动——它不是社会强加在个人身上的那种行动。一个了悟自由的人，必定会坚决地在心理上解脱出来，而不是物质上。你不可能从物质上摆脱社会，因为，你有赖于社会提供物质上的一切——你穿的衣服，还有金钱，等等。所以，于外在、非心理层面，你有赖于社会。所以，心理上得到了自由，也就是完全摆脱了野心、妒忌、贪婪、权力、地位和声望。

一九六二年二月十四日，新德里第八次公开谈话

“克里希那穆提文集”第十三卷

对我们大多数人而言，经验是知识的向导。

一个人必须亲自发现自己为什么跟随他人，为什么接受权威的掌控：神父的权威，印刷文字、《圣经》、印度经卷等的权威。一个人能完全拒绝社会的权威吗？我不是指世界各地“垮掉的一代”所引发的抗拒社会的行为，那不过是一种反应行为。但是，一个人能真正看到这一点吗？对于想要发现什么是真相、什么是真实的心灵而言，这种外在的对某种模式的服从不但无用，而且有害。那么，如果一个人拒绝了外在权威，他是否也可以拒绝内在的权威以及经验的权威？一个人能够抛开经验吗？对于我们大多数人而言，经验是知识的向导。我们说，“我从经验中得知”或者“经验告诉我必须这么做”，经验成为一个人的内在权威。这也许远比外部的权威更具破坏性，更邪恶得多。它就是一个人因为自身局限而产生的权威的意象，导致各种形式的幻觉。每个人都由于自身的局限看见各自的神。正是这种看见诸神幻象的体验使他颇受人崇敬，他因而变成圣人了。

一九六一年五月十四日，伦敦第六次公开谈话
“克里希那穆提文集”第十二卷

你必须自己给自己做手术，而不是依靠另一个人，尽管你可能认为他是优秀的专业医生。

提问者：……我很荣幸被特别准许与当代一些最伟大的改革者保持密切联系。我相信改革才是当前这些混乱状态的唯一出路，而不是革命。先生，真正伟大的人总是改革家。

克里希那穆提：你说的“改革”是什么意思？

提问者：改革就是通过我们构想的各种方案，逐步提高民众的社会和经济状况，就是减少贫穷、破除迷信、废除等级划分，等等。

克里希那穆提：这样的改革总是在既有的社会模式内进行的。或许某个不同群体脱颖而出、来到顶层、颁布新法，也许还有些工业领域的国有化改革等诸如此类的事情，但是，它总是在当前社会框架内进行的。这就是被称为改革的事情，不是吗？

提问者：如果你反对改革，那么，你可能只是在赞成革命……

克里希那穆提：在社会模式和框架内的革命根本不是革命，它也许会带来进步或倒退。然而，像改革一样，它只是对已存在事物的一种改善性的延续。不管改革多么好、多么有必要，它只能带来一种肤浅的变化，之后又需要进一步改革，这样的过程没有尽头，因为社会总是在它存在的模式内部逐渐瓦解。

提问者：那么，先生，就是说所有的改革，不论它多么有益，都不过是在修修补补，而且，即使再多的改革也并不能带来社会的彻底转变，您坚持这样的看法吗？

克里希那穆提：彻底转化从来不可能在任何社会模式内部发生，不管这个社会是专制统治还是所谓的民主国家。

提问者：难道一个民主社会不是比一个专制或极权国家更有意义、更具价值吗?

克里希那穆提：当然不是。

提问者：那么，您所说的社会模式是什么意思呢?

克里希那穆提：社会模式就是人类的关系，是人类基于野心和妒忌，基于个人或集体对权力的欲望，基于等级制度的态度，基于意识形态、教条和信仰所建立的一切关系。这样的社会可能宣称信仰爱、信仰善，但是，它又总在准备杀戮、准备参战。这好比当病人需要一次重大手术时，只为减轻症状就是愚蠢的。你必须自己给自己做手术，而不是依靠另一个人，尽管你可能认为他是优秀的专业医生。你必须走出社会模式，走出贪婪、索取和冲突的模式。

提问者： 我本人走出模式会影响到社会吗？

克里希那穆提： 首先走出来，然后看看会发生什么。停留在模式里，问如果你走出模式将发生什么，这是一种逃避形式，是有悖常理而且毫无用处的询问。

《生命的注释》第三卷

有分裂的地方，就没有了解。

我们有意识和无意识的制约都非常深重，不是吗？我们是基督徒、印度教徒，是英国人、法国人、德国人、印度人、俄罗斯人，我们属于这个或那个教堂及其全部教义，属于这个或那个种族以及它的历史承载。表面上来看，我们的头脑受到了教育，意识上的头脑根据我们生活其中的文化受到了教育。一个人或许可以相对容易地使自己从这个方面摆脱出来。撇开英国人、印度人、俄罗斯人或你碰巧成为的任何国籍，或是离开一座特定教堂或某种宗教，这些并不是太难以做到的。但是，摆脱无意识的制约要困难得多，比起有意识的头脑，无意识在我们的生活中发挥着远为重要的作用。对有意识头脑进行训练并以此作为谋生的一种手段，或是去履行某种特定职能，这都是有用而且必须的，这是我们的教育主要关注的方面。我们被训练去做某些事情，以某种方式机械地行使大大小小的职能，这就是我们肤浅的教育。然而，内在上、无意识中、内心深处，我们是数千年来人类努力的结果；人类的全部挣扎、希望和绝望，还有对某种遥远事物的永恒追求，这些体验仍然在我们内心持续积聚着，我们就是这一切的总和。觉察到这种制约并且从中解脱出来，这需要极大的注意力。

这不是一件分析的事情，因为，你不可能分析无意识。我知道有些专家致力于此，但是我不太相信分析的可能性。无意识不可能被意识探索到，我来举例告诉你为什么。通过梦境、线索、符号，通过各种形式的暗示，无意识试图与有意识头脑进行沟通，这些线索和暗示需要诠释，于是，有意识的头脑根据它自身的局限和特别习性来解释梦。所以，这两者从来没有全面接触，因而对无意识的完整理解就绝无可能。我们并不确切了解无意识的整体性。那么，没有了解无意识，没有从中解脱出来，而是背负着无意识的沉重历史，背负着过去的整个漫长历史，内心就总是充斥着矛盾、冲突和激烈的斗争。

所以，正如我所说，分析并不是理解无意识的方法。分析意味着有一个观察者和分析者区别于被分析的事物，如此就产生了分裂。有分裂的地方，就没有了解。

这是我们的困难之一，也许是我们的主要难题：从无意识的全部内容中解脱出来。那么，这件事有可能吗？我不知道你是否曾尝试分析过你自己——就是分析你的想法、感受，还有在这些想法和感受背后的动机和意图。如果你分析过，我肯定你已经发现分析并不能洞悉非常深层的地方。它抵达某个特定的层面，然后止步于那里。要洞悉非常深层的地方，一个人必须停止这种分析者不断分析的过程，取而代之的是开始只去听、去看、去观察每个想法和每种感受，而不说“这个是对的，那个是错的”，也没有责备或辩护。当你确确实实这样观察时，就会发现矛盾并不存在。这样就没有努力，因而就会有即刻的了悟。

不过，要探索内心非常深远的地方，一个人显然必须从野心、竞争、妒忌和贪婪中解脱出来。这是一件很难做到的事情，因为，妒忌、贪婪和野心正是心理社会结构的本质，我们是这个结构的一部分。像现在这样，我们生活在一个由索取、野心和竞争所构成的世界中——要彻底摆脱这一切而不被世界毁灭，这才是真正的问题。

一九六二年六月五日，伦敦第一次公开谈话

“克里希那穆提文集”第十三卷

要应对新的挑战，心灵必须焕然一新。

理解制约的整个过程，并不会通过分析或内省突然来到，因为，就在分析者出现的那一刻，这个分析者本身就成为背景的一部分，所以，他的分析毫无意义。这是一个事实，你必须抛弃分析者。那个检视并分析他所观察之物的分析者，就是他受制约状态的那部分自己，因此，无论他的诠释、理解和分析可能是什么，都仍然是背景的一部分。所以，这种方法是没有出路的，打破背景才是主要的。因为，要应对新的挑战，心灵必须焕然一新；要发现信仰、真理或任何什么，心灵必须宛若新生而没有被过去沾污。通过一系列的实验去分析过去、得出结论，或者做出肯定和否定的判断等诸如此类的事情，就其本质而言，都意味着用另一形式延续那个背景。当你看到这个事实的真相时，你会发现分析者停止了，那么，就不再有一个区别于背景的实体，只有作为背景的思想——思想就是记忆的反应，包括有意识和无意识的记忆、个人和集体的记忆。

《最初和最终的自由》

要看到真相，就必须有自由。

你可以看到那些寻找体系的人，那些驱使头脑从事特定练习的人，他们显然是根据一套准则来制约心灵的，因此，心灵并不自由。只有自由的心灵才能发现，而不是依据某种体系被制约的头脑，不管这个体系是东方的还是西方的。无论你怎么称呼它，制约都是相同的。要看到真相，就必须有自由。然而，头脑受到某种体系的制约，就永远不可能看到真相。

一九五〇年七月二日，纽约第五次公开谈话

“克里希那穆提文集”第六卷

在宗教上……社会和政治上，始终都存在这种自我完善的强烈欲望。

纵观全世界，既有无边的贫穷，也有巨大的财富；这时，如果到处都充斥着残酷、折磨和不公，那么到处都是没有爱的生活感受。看到这一切，一个人该做些什么呢？要应对这难以计数的问题的真正方法是什么呢？各地的宗教都强调完善自我、培养道德、接受权威、跟随某种教义和信仰、付出巨大的努力去遵循。不仅在宗教上，而且在社会和政治上，始终都存在这种自我完善的强烈欲望：我必须更高尚、更绅士、更善解人意、更少暴力。社会借助宗教带来一种自我完善的文化，是这个词语最广泛意义上的自我完善。这是我们每个人都一直试图做的事情，我们总在努力改善自我，这意味着付出努力、遵守纪律、顺从模式、不断竞争，要接受权威、安全感以及对野心的辩护。然而，自我完善并没有产生特别明显的效果。因为，自我完善没有揭示终极现实。我认为，理解这一点是非常重要的。

既有的宗教并没有帮助我们理解真实是什么，因为，这些宗教本质上都不是基于对自我的放弃，而是基于提高和改善自我,这是自我的不同形式的延续。只有极少数人从社会中挣脱出来，不是从社会这个大群体中脱离出来，而是摆脱了这个基于贪婪、嫉妒、比较和竞争的社会所蕴含的全部意义。这个社会使心灵局限于某种特别的思维模式中，也就是自我完善、自我调整和自我牺牲的模式。然而，只有那些能够打破全部制约的人，才可以发现那个头脑不可度量的事物……

这种制约以自我完善的形式出现，自我完善其实就是用不同形式使“我”“自我”得以延续。自我完善可能是粗俗的，或者当它成为一种美德、善和所谓爱邻如己的训练时，它也可能非常非常文雅，但是，它在本质上仍是“我”的延续，这个“我”就是社会制约影响的产物。你付诸全部努力成为什么——如果可以做到的话，就是在此生；如果此生不能，那么就在来世——这都是相同的欲望，是维持和延续自我的相同动力。

一九五五年八月七日，欧亥第二次公开谈话

“克里希那穆提文集”第九卷

重要的事情不是进步，而是革命——在我们人生观中进行一次彻底变革。

在自我完善中存在着进步：我明天可以更好、更友善、更大方、更少嫉妒、更少野心。但是，自我完善在一个人的思想中带来彻底转变了吗？还是根本就没有改变，只有进步？进步暗含着时间，不是吗？我今天是这样的，我明天将会变得更好。也就是说，在自我完善、自我否定或自我克制中，只有“进步”这种朝着更美好生活的缓慢进程，它意味着表面上适应环境，遵循某种改良模式，受限于某种更高尚的方法，等等。我们看到，这个过程一直在发生着，而你必定像我一样，想知道进步是否会带来一场根本的革命。

对我而言，重要的事情不是进步，而是革命。请不要被“革命”这个词吓到了，就像在这个极为进步的社会中的很多人被吓到那样。因为，在我看来，除非我们理解了革命的重大必要性，不仅是带来一场社会改良运动，而且在我们的人生观中进行一次彻底变革；否则，单纯的发展只是悲伤的发展，它可能对安慰或抚平悲伤有些许影响，但是，它不能终止那总是潜藏着的悲伤。毕竟，在一段时间内变得更好这种意义上的进步，其实质还是“自我”“我”“小我”的发展。很显然，自我完善中存在进步，是下决心要努力变得更好、变得更多这个或更少那个，等等。正如冰箱和飞机技术会有进步一样，也有自我的改善，但是，这种改善和进步并没有让心灵摆脱悲伤。

……自我完善是悲伤的发展，并不是悲伤的止息。

一九五五年七月十四日，欧亥第四次公开谈话

思想是记忆的反应，而记忆就是人类以及某个个体数世纪以来全部经验的累积。

我们为了在自身发生一场转变，便运用思想作为一种手段：包括作为欲望、意志这样的思想，追求某种我们必须依循的理念的思想，还有作为时间的思想。思想说："我是这个"或者"我曾是这样的，我将会成为那样"。思想自身已成为工具，它希望在内心带来一场革命，思想是记忆的反应，而记忆就是人类以及某个个体数世纪以来全部经验的累积。

我们就是那个背景——正是我们。对于任何挑战、任何问题、任何新事物，我们都依据这个背景或依据我们的局限做出反应。作为意志和欲望、得到和失去的思想，能够在我们内心带来一场革命吗？如果思想不能，那么什么可以呢？我们知道思想带来一场革命或转变的意思是什么。我对自己说“我是这样的”，不管是什么——害怕、嫉妒和贪婪，追求我的个人满足，以一种自我中心的行为运作。我看到这些，然后对自己说：“我必须改变，因为这太痛苦、太傻、太幼稚了，只有痛苦”。我磨炼意志，压抑控制自己，严格要求自己，这就是思想在运作，然而，我看到自己丝毫没有改变。我只是挪动到同一领域的另一处。我也许不再像以前那样易怒、更多这个或者更少那个，然而，思想没有使我的心理以及整个存在发生巨大变革。你一定也认识到这一点了。思想只是滋生了更多冲突、更多痛苦、更多欢乐和更多挣扎。那么，将会在这一领域中带来一场转变和革命的是什么呢？

当你问自己这个问题时，答案是什么呢？你如何回答它？你已经奋斗一辈子了。如果有足够多的钱，你会去找分析专家；如果没有，你会去求助神父。或者，如果你既没有找分析专家也没有求助神父，你会察觉自己、控制自己、严格要求自己——你会做这件事或那件事，找许多不同的事情来做。然而，在这种奋力挣扎中，却没有花朵盛开、没有美、没有自由，也没有和平：你最终走到了死胡同里。如果你们经历过这样的探索，都会知道这一点。那么，会带来一场转变的是什么呢？你如何回答这个问题？如果每个人亲自来回答这个问题，而不是等待其他人来告诉你，这将颇具价值。如果你等待其他人来告诉你答案，你就没有在学习。正如我所说，我们是一起踏上这段旅程的，既没有老师，也没有跟随者，没有权威，只有你个人进行探索发现的隐秘和独立。如果你亲自去发现，那么，经由这份发现，就会产生一种新的能量和活力。但是，如果你只是在等另一个人来告诉你，你就退回到原来那套毫无意义的陈旧模式里了。

你如何回答这个问题？你正行走在一条道路上，准备去某个地方，回家。你询问了某个人，他告诉你，说你走上一条错误的道路。你行走了一段漫长的路，已疲惫不堪。然而，你发现，这条小路或是大道并没有将你带到你自己想去的地方。那么，你该怎么做呢？你停下来，转身，然后踏上另一条路。但是，首先停下来，放空自己的头脑。不妨这样说，是头脑清空了它自己，清空了所有的模式和准则。它清空了记忆的所有堡垒，而清空整个存在，这本身就是革命的过程。但是，没有人能够清空忠诚的头脑，它永远装载得满满当当，没有丝毫空间。而清空的头脑能够在瞬间听到、看到、观察到它的全部行动和整个运动。当你观察到这些，看到这种持续不断的思想作为可以带来一场革命的手段是徒劳无效的，当你看清这一切，你自然就会转身离开那条旧的道路。只有当头脑和整个心灵彻底清空了，这才可能发生。清空就是成熟，行动和生活因而就有了截然不同的维度。

一九六六年七月十九日，萨能第五次公开谈话

“克里希那穆提文集”第十六卷

第四章 将心灵从制约中解脱出来

生活只属于认真的人，它不属于那些仅仅耽于自我享受的人，这些人提供肤浅答案，而逃避内心的深层危机……

尽管一个人会怀疑相似性，然而，在东方国家和西方国家之间，生活在亚洲的人们和那些生活在西方的人之间并没有多大不同。虽然他们可能有不同于西方的哲学和信仰，有不同的风俗、习惯和举止，但他们和世界上其他地方的人一样，都有着难以计数的困难，充满焦虑和恐惧，时常陷入对疾病、衰老和死亡的无比绝望中。这些问题在全世界都普遍存在。他们的信仰和神明与这个国家或西方其他国家的信仰和神明并没有什么两样。这些信仰没有从根本上、深刻彻底地解决人类的任何问题，它们只是带来某种文化以及良好的举止，还有对某些关系的肤浅接受。然而，在根本上，人类过去大约两百万年以来并没有多少深刻改变。很显然，人类历经了漫长岁月的挣扎，在生活的浪潮中逆流游水，总是处于战斗和冲突中，在奋斗、摸索、寻找、请求、索取、祈祷，期望他人来解决自己的人生问题。

这种情况持续了一个世纪又一个世纪，显而易见，我们还没有解决自身的问题。我们仍在摸索着前行；在寻找、请求或要求某个人告诉我们应该做什么或不做什么，告诉我们应该如何思考以及哪些事不要去想；我们用另一种不同的信仰、人生观或愚蠢的意识形态来代替现在这一种。我们知道这些，接受过各种信仰。虽然我们做出反应，在生活的同一块田地里变换位置，然而在根本上，我们仍然保持着老样子。也许这里那里会有一些零星的变化，有些许的修改，有不同的派别、团体和不同的观点，但我们内心依然充满同样可怕的挣扎、焦虑和绝望。

或许，我们可以用不同的方式来探索这些问题。必须有一种不同的方式——我认为这种方式是存在的——来探索我们的整个生存。必须有一种不同的生活方式，其中没有争斗，没有恐惧，没有那些已然失去全部意义的神明，也没有这些思想体系，它们都不再具有任何意义。人类的本性并没有从根本上被驯化或改变，我们依然残酷，彼此争战——包括外部的和内部的战争。人类一直充满怨恨和憎恶，永远在竞争，总是在谋取地位、声望、权力和操控。我们都知道这些，而我们还是将它们作为生活方式接受了——战争、恐惧、冲突以及肤浅的生存，这就是我们所接受的东西。

在我看来，也许有一种不同的生活方式，这正是我们将在五次聚会期间讨论的事情——如何进行一场革命，不是外在的，而是内心的革命。因为危机存在于意识中；它不是经济危机或社会危机。我们总在应对外部的挑战，试图肤浅地给出答案。所以，我们必须在真正意义上，对这个数世纪以来日益增长积累的内心危机做出充分回应。那些智力上聪明而又狡猾的哲学和神学，还有借助各种教义的宗教逃避方式，都不可能回答这些问题。一个人越是认真，他对这些问题就越有觉察。我所说的“认真”是指那些有能力的人，那些真正面对问题并且解决问题的人，他们不拖延，不逃避，不试图在智力、言语或情感上来回答这些问题。生活只属于认真的人，它不属于那些仅仅耽于自我享受的人，这些人提供肤浅答案，而逃避内心的深层危机……

我们现在讨论的是终止这种持续冲突。我们正努力去发现，究竟有没有这种可能性——在这个世界上过一种没有冲突的完整生活。要发现它是否可能，我们必须给予关注。如果你说“我同意”或者说“我就走这么远，到此为止了；这个让我很开心而那个没有；我是个作家，我想用某种方式来阐释所有这一切”，你就没有关注。如果我们能够给予关注，能够如此去聆听，那么，这件事将变得极具价值；如此一来，我们之间就建立起某种沟通。在这样的沟通中，既没有老师，也没有受教育者，因为这很幼稚。既没有追随者，也没有人说“做这个，做那个”。作为人类，我们世世代代都在经历所有这类事情。我们有救世主、大师、神明和信仰，还有宗教，然而，它们都没有解决我们的问题。我们和以前一样不快乐，充满悲惨、困惑和煎熬，生活变得非常琐碎、微不足道。我们也许非常聪明，可以滔滔不绝地谈论任何事情。但是，我们内在混乱不堪，弥漫着无边无尽的孤独、日益加深且挥之不去的困惑，还有那似乎根本没有终点的悲伤。

列举了这些我们大多数人非常熟悉的问题，那么，存在某种不同的探索方式吗？陈旧的方法显然没有出路。一个人必须绝对清楚这一点，这样他才会彻底转身离开。宗教及其信条、教义，救世主、大师、神父等等这些——不管是天主教、新教、印度教或是佛教——你必须完全摒弃这一切。因为你知道，这种方法并没有给人类带来任何自由。自由完全不同于反抗。当前，整个世界都在反抗，尤其是年轻人，但这并不是自由。

自由是某种完全不同的东西，自由不是来自某样事物。如果说它是来自什么，那就是一种反抗。如果我反抗自己所属的宗教，由这种反应而来的，就是我会加入另一个宗教，因为它给予我更大的自由——我认为是更大的自由——给予我更激动人心的东西，一套新词语、句子、教义和思想体系。但是，这种反应并不具有检视的能力。只有一颗处于自由中而不是反应的心灵——不仅是人类心灵本身，而且是社会秩序的整个心理结构，人属于这个结构的一部分——才能够检视、探寻、疑虑和表示怀疑。要质疑、探寻并有所发现，这些都需要巨大的自由而不是大量反应。哪里有自由，哪里就有热情——是完全不同于反应的强度和热情。自由所带来的激情、强度、活力和精力并不会终止，然而，那种反应的热情、兴趣和活力在遭遇某个变化之后，可能就会改变。

要发现是否存在一种不同的生活方式——不是不同的做事或行动的方法，而是生活方式，因为生活就是行动——那么，一个人当然必须对那些奴役自己的事物置之不理。我认为，这是你首先必须做的事情，否则，我们就不能检视，不能看清。历经两千年的政治宣传或一万年的传统，心灵受到如此深重的制约，这样一颗心灵如何能去观察呢？它只能根据自身的局限和野心，根据自身对成就的渴望去观察。这样的检视没有活力，什么也没有，它不可能观察任何新事物。即使在科学领域，尽管一个人可能学识渊博，然而，想要发现任何新的东西，他也必须暂时将已知的东西搁置一旁，否则就无法观察任何新的事物。很显然，一个人如果要清楚地看见新事物，就必须清空过去的和已知的东西，还有知识。

我们在问自己，问你和我，是否有一种完全不同的方式，其中没有冲突和矛盾。因为，有矛盾的地方就有努力，存在努力的地方就会有冲突。冲突，要么是抗拒，要么是接受。抗拒隐藏在观念、希望和恐惧背后，而接受变为模仿。我们总是逆流游水——这就是我们的生活。那么，有没有可能以这样一种方式去行动，去生活、存在和运作，在其中有没有我们必须与之抗争的洪流？冲突越多的地方，关系就越紧张，从那份紧张中就出现各种形式的神经症以及精神紊乱的状态。一个神经紧绷的人或许具有某种天赋，这份天赋经由紧张，可能会以写作、音乐等不同方式表达出来。

我正在试图传达，或者不妨说，我正试图不通过言语来交流。尽管人必须使用词语，然而我们知道，词语并不是事实。人类数世纪以来想通过严苛训练、冲突、接受、否认这类东西找到某样事物，我们总是用这些方法去探求真相。那么，我们有可能取代这些而发生深刻转变吗？在那种突变中就会有崭新的心灵状态出现吗？而那个依然充满动物性的腐朽心灵，它寻求舒适和安全，充满恐惧、焦虑、孤独，在痛苦地觉察自身的局限——它能够即刻结束吗？然后一个全新的心灵就可以运作。这个问题说清楚了吗？

我来用不同方式表述一下。思想制造了这些问题，思想说：“我必须找到神明，我必须有安全感；这是我的国家，不是你的国家，你是德国人，我是法国人，你是俄罗斯人，你是这个、那个；我的信仰，你的信仰；我是一个作家，你不是作家；你是下等的，我是上等的；你很高尚，我不高尚”。正是思想建立了社会结构，我们生活在这个结构中，属于这个结构，所以，思想要为这整个混乱负责，思想创造了它。如果思想说“我必须改变这一切，这样我就会变得有所不同”，它就会创造另一个结构，也许某些方面略有不同，其实质都是一样的，因为它仍是思想的活动。思想已经把这个世界划分成各个国家和不同宗教团体，思想滋生了恐惧。思想说“我比你重要得多”，思想也说“我必须关爱邻居”。

思想创造了神职人员的等级制度，创造了救世主、神明、种种观念和准则，如果思想说“这个是错误的，我来创建一套新的行为、信仰和结构”，尽管某种程度上略有不同，但其实是一样的：它们仍是思想的结果……

要发现某个完全不同的事物，你不仅必须了解思想的起源、思想的开端，而且必须弄清楚思想有没有可能停止，以便一个新的过程可以开始。这是一个极其重要的问题。你不能表示同意或不同意，因为你并不知道。你也许甚至想都没有想过，所以，你不能说你理解或不理解。你可以说：“是的，我可以听懂你所讲话的字面意思，我理解了，是智力上理解了。”

但是，它和真正理解事实完全不同。思想把人类划分为法国人、德国人、意大利人、印度人、俄罗斯人，从而炮制了战争。思想把世界分割成土地，分割成信仰的区域以及它们的救世主和神明。人们彼此争斗。所有这些都是思想导致的，思想说："我看到这些，这是一个事实，现在，我要创造一个不同的世界。"……每次革命都试图做这件事，却仍会逐渐折返回相同的怪圈里。

思想创建了我们努力据之生活的哲学和准则……思想并不能创造一个新世界，这并不意味着情感就会创造一个新世界，它也不会。我们必须找到一种不同的能量，它不是由思想带来的，这种不同的能量将在不同维度上运作。在这种运作中的行动本身是立足于这个世界的，而不是在一个借以逃避的世界里，不是在某座寺院、喜马拉雅山脉的顶峰、某些洞穴里，不是在荒唐的生意场中。这就是我们要去发现的东西。我相当确信有一种不同的生活方式，但它不是思想会在其中发挥作用的世界。我们必须深入思想的源头和它的起点，进而发现思想的含义是什么，它的结构和机制是什么。当头脑以及你的整个存在都理解了，倾注全部注意力去理解思想的结构的时候，那么，我们就开始有了一种不同的能量。这和自我实现、寻求、欲望没有任何关系——所有那一切都消失了。我们关心的是一起去了解。不是你在听而讲话者在表达某些词语，我们是一起去发现思想的源头……

思想可以在需要的地方充分而全面地运作，带有理性和健康的特点，没有任何神经质的状态。但是，有一个领域，思想在那里根本没有作用；在那个领域，革命能够发生，新事物能够出现。这就是我们不断前行要去亲自发现的东西。

一九六六年五月十五日，巴黎第一次公开谈话

“克里希那穆提文集”第十六卷

我认为，心灵能够从全部制约中解脱，这一点毫无疑问。

……我们大多数人都会拒绝某种特定形式的制约，然后找到另一种形式，一种更宽广、更有意义或更舒适的制约。你放弃一种宗教转而信仰另一种，拒绝一种形式的信仰而去接受另一种。这样的替代显然是因为你没有理解生活，生活就是关系。我们的问题是，如何从全部制约中解脱出来。要么你认为这不可能，说没有哪个人的心灵可以永远摆脱限制；要么你开始去试验、去探寻、去发现。如果你断言解脱是不可能的，你当然就没有任何希望会有所发现。你的断言或许是基于自己或多或少的经验，或者只是基于你接受了某种信仰，但是，这样的断言就否定了寻找、研究、探索和发现的努力。要发现心灵是否有可能彻底摆脱全部制约，你必须自由地去探索或发现。

我以为，心灵毫无疑问能够从制约中解脱——并不是说你应该接受我的权威。如果你是基于权威而接受这句话，你就永远不会有所发现，我说的话将成为另一个替代物，这毫无意义。当我说它有可能，是因为对我而言这是一个事实，而且我能够通过文字表达向你证明它。然而，如果你要亲自去发现这句话的真相，你就必须对它进行试验，并且敏捷地跟随它。

《最初和最终的自由》

只有当你觉察到自己的整个存在而不起任何反应时，制约才会离开。

要使心灵从全部制约中解脱，你就必须看清它的全貌而不带思想的成分。这并不是一个复杂难解的问题。去试验它，你就会看到。你曾经不带思想的成分去看过什么事物吗？你曾这样去听、去看而没有引入反应的整个过程吗？你会说，不带思想的成分去看是不可能的，认为没有哪个心灵可以不受制约。当你这样说的时候，就已经用思想阻挡了自己，因为，事实是什么，你并不知道。

那么，我可以看到，或者心灵可以觉察它自身的制约吗？我认为是可以的。请检验这一点。你能意识到自己是一个印度教徒、一个基督徒、一个社会主义者等等这个或那个吗？只是觉察而不说它对或错，你能这样做吗？因为，仅仅去看是如此困难的一项任务，所以我们说它是不可能的。我认为，只有当你觉察到自己的整个存在而不起任何反应，那么制约才会离开，彻底地、深刻地离开，这其实就是从自我中解脱。

不要立刻就把这些话翻译成你现在相信或不相信的字眼，因为，所讲的全部东西就是自我。思想作为自我的反应，不可能依据自我行动而不对自我添枝加叶。难道你没有看清这一点吗？但这是我们一直在做的事情。如果你看到这个真相，明白思想不可能打破制约，因为所有的想法、分析、探索和内省都只是对你当前状态的一种反应，那么，你就只是去觉察这些制约。在这份觉察中没有选择，因为选择又把思想带入生活中。因此，觉察制约就意味着没有选择、没有责备、没有辩护，也没有比较，只是去觉察。当这样觉察时，你的心灵就已经从制约中解脱了。通过纯然地觉察你受到制约的整个过程——没有辩护或责备，你就会发现自己在引入一种全新的因素，在其中没有对自我的认同或拒绝的因素，而这种因素就释放和清除了全部制约。这就是我建议你去试验，建议你这样去观察和觉察，直到我们再次遇见的原因。

一九五八年九月十四日，浦那第三次公开谈话
“克里希那穆提文集”第十一卷

唯一真正的革命就是让心灵从自身制约中解脱——而不只是改良社会。

……显然，所有的思考都是局限的，并没有诸如自由思考这类事情。思考从来不可能是自由的：它是我们制约的产物，是我们的背景、文化、气候的产物，是我们的社会、经济以及政治背景的产物。你读的一本书以及你做的某种练习都在这个背景中得到确立，任何思考都必定是这个背景的结果。因此，如果我们可以觉察——我们接下来就会探讨“觉察”表示和意味着什么——我们或许就能够让心灵解脱，而没有意志过程，没有决定要解放心灵这一说。因为，在你决定的那一刻，就产生了希望如何如何的一个存在体，它说“我必须解放自己的心灵”。这个存在体本身就是我们渴望达到某种结果的产物，所以冲突已经在那里了。因此，有没有可能觉察我们的制约，只是去觉察？——在其中没有丝毫冲突。如果我们允许自己这样觉察，它或许就会把这些问题烧为灰烬。

毕竟，我们都感觉到存在某种事物，它超越了我们的思考，超越了我们的琐碎问题和我们的悲伤。或许有一些时刻，我们体验到这种状态。但不幸的是，正是这种体验成为我们进一步发现更伟大事物的障碍，因为头脑紧紧抓住了已体验到的某样东西。我们认为那就是真相，所以紧抓不放，很显然，正是这种执着阻碍了我们去体验某些伟大得多的事物。

那么，问题就是：这个受制约的头脑能觉察它自己吗？觉察自身的局限，而没有任何拣选，没有比较，没有责备，然后看看，在这份觉察中，某个特定问题或特别想法，是不是会被连根拔除。当然，任何形式的积累，不管是知识或是经验的积累；任何形式的理想，头脑的投射，塑造心灵的坚定练习——它应该是什么以及不应该是什么——所有这些显然都损害了研究和发现的过程。如果一个人真正探索并深入思考过这个问题，他就会认识到，为了心灵自由，心灵必须从全部制约中解脱。只有在这份用心灵去抵达的自由中，我们的全部问题——无论是什么——才会得到解决。

所以，我认为，我们的探讨必然不是为寻找眼前问题的解决方案，而是去发现头脑——包括意识的和深层无意识的，其中储藏着所有的传统、记忆以及种族认知遗产——这一切是否可以被搁置一旁。我认为这是可以做到的，如果头脑能够不带任何需求感，没有任何压力去觉察，就可以做到——只是去觉察。我认为，这样的觉察是最困难的事情之一。我们受困于眼前问题以及即刻的解决方案，所以，我们的生活非常肤浅。虽然你可能拜访了所有分析专家，阅读了所有书籍，获取了许多知识，去祈祷、冥想，进行各种严苛的训练，但我们的生活显然非常肤浅，因为我们不知道如何深入探索。我认为，理解和洞察的方式，还有如何非常非常深入地去探索，就在于，通过觉察，只是去觉察我们的想法和感受而没有责备和比较——只是去观察。如果你进行试验，就会认识到它会有多么艰难，因为，我们整个教育就是责怪、赞许、比较……

那么，我们可以真正思考这些吗？不是作为某个集体组织在体验某样东西，这样相对容易些；而是作为个人，能够真正探询，并亲自去发现我们在何种程度和深度上受到制约——可以吗？觉察这种制约，而不对它做出反应，不责备它，不试图改变它，不用某种新的制约代替旧的，只是这样轻松而又深刻地去觉察制约的过程——毕竟，它就是想要安全以及想永久的欲望——它会被连根拔除，难道我们不能做到吗？我们能自己发现这些吗？不是因为其他人谈论过，而是我们直接去觉察，如此一来，那个欲望的根，就是想要安全以及想永久的欲望就被拔除了。正是想得到永存的欲望——不管是在将来还是在过去，紧紧抓住累积经验的欲望，就是这些给予你安全感——难道它不能被拔除吗？因为欲望是导致限制的肇因。我们大多数人都有这种欲望，去了解它，在那份了解中找到安全感，获得给予我们力量的经验——我们能清除所有欲望吗？不是通过意志力，而是在觉察中将它全部拔除，这样一来，心灵就从它的全部欲望中解脱，然后，那个永恒之物就能够出现。

我认为，这是唯一的革命。毫无疑问，真正的革命是让心灵从自身制约中解脱，进而摆脱社会的制约——而不只是改良社会。改良社会的人仍然困于社会中。但是，从社会中解脱的人就摆脱了制约，他将以自己的方式行动，这样他就会对社会产生影响。因此，我们的问题不是改革，不是如何改善社会，如何有更好的福利状况——不管是社会主义或其他什么制度。它不是经济革命或政治革命，不是通过暴力得到和平。对于一个认真的人来说，这些都不是问题。他的真正问题是，去发现心灵是否能够从全部制约中彻底解脱。然后，在那种非凡的宁静中，他或许就能发现那个超越所有度量的事物。

一九五五年六月十七日，伦敦第一次公开谈话

“克里希那穆提文集”第九卷

关注来自觉察。当觉察中没有拣选，没有个人取舍，没有经验，关注就从这份觉察中流淌出来。

我所说的“觉察”是指没有拣选的警觉状态。你只是在观察真相。但是，如果你对于所看之物抱有某种观点或看法，说它是好的或坏的，或以其他方式评价它，那么，你就不可能看到真相。你必须全面觉察自己的想法和感受的运动，必须观察自己的有意识和无意识的活动而不做出评价。这需要极为敏锐和活跃的心灵。然而，我们大多数人的头脑都是迟钝的半睡半醒的状态，只有某些特殊部分是活跃的。我们从这些部分通过联结和记忆，去机械地运作，就像电脑一样。要变得警觉、活跃和敏感，头脑就必须有空间，以便可以观察事物，没有那些已知事物的背景，这就是冥想的功能之一，它带给头脑极大的警觉、活力和敏感度。

你们听懂这些了吗?

觉察就是观察你的身体活动,你走路的方式、坐的方式、手部的动作;是去听你使用的词语,观察你的所有的想法、情绪以及全部反应。它包括觉察无意识及其传统、本能认知以及它所积累的巨大悲伤——不仅是个人的悲伤,而且是人类的悲伤。你必须觉察到全部这一切。如果你仅仅是在评判和评价,说“这个好、那个不好,我要保留这个、拒绝那个”,这只会使心灵变得迟钝而麻木,你就不可能觉察。

关注来自觉察。当觉察中没有拣选,没有个人取舍,没有经验——这些我很快就会谈到——只有观察时,关注就从这份觉察中流淌出来。而且,想要观察,你头脑中就必须有极大的空间。一颗被野心、贪婪和嫉妒囚禁的心灵,陷于对快乐和自我实现的追求中,还有它不可避免的悲伤、痛苦、绝望和苦恼——在这样的心灵中就没有空间去观察和关注,它挤满了自身的欲望,在自我反应的一潭死水中绕来绕去。如果你的心灵不是高度敏感、敏锐、理智、合乎逻辑、明智、健全——它没有丝毫神经质的阴影，那么，你就不可能全然关注。心灵必须探索自身的每个角落，不放过任何一小块地方。因为，如果一个人心中存有他自己害怕探索的一丁点儿黑暗角落，那么，从那个角落里就产生了幻觉。

当信徒在冥想和沉思中看到他们信仰的神，他认为自己到达了某处无比神圣的地方，然而，他的幻象不过是他自己局限的投射之物。对于坐在河畔的印度教徒来说，他进入某种狂喜状态，这也是相同的情况，他是从自己的局限中生出幻象，所以，他所看见的根本不是宗教体验。但是，通过觉察以及无拣选的观察——只有心灵中有空间观察时，这才是可能的——每一种形式的制约都被化解，心灵就不再是印度教徒、佛教徒或基督徒的了。因为，所有的想法、信仰、希望和恐惧彻底消失了，关注就由此而来——不是给予某个事物的关注，而是一种关注的状态，在这种状态中，没有经验者，也就没有经验。对于真正在寻找的人，他想去发现真理是什么、宗教是什么、神明是什么、超越头脑拼凑之物的事物是什么，对于这样的人来说，理解上述这番话极其重要。

在关注的状态中就没有反应：一个人只是在关注。心灵已经探索并理解了它自身所有的隐秘之处，探索并理解了全部无意识的动机、需求、成就、冲动和悲伤，所以，在这种关注状态中，就出现了空间，一种空无，并没有经验者在体验什么。清空之后，头脑不再投射、不再寻找、不再求索、不再期望，它理解了它的全部反应和回应、深度和浅薄，没有任何纰漏，观察者和被观察的事物之间不再有区分。一旦在观察者和被观者之间存在某种区分，就会产生冲突——它们之间的间隙就是冲突。我们已经探讨过这一点。因此，我们看到，从冲突中彻底解脱是多么重要……

那么，只有在这种关注状态中，你才能够成为照亮自己的明灯。那时，你日常生活的每个行动都从这盏明灯中产生——每一个行动——不管你是在工作、煮饭、散步、缝衣或在做任何其他事情。这整个过程就是冥想……

一九六三年七月二十三日，萨能第八次公开谈话

“克里希那穆提文集”第十三卷

要发现自我认识的整个过程，我们必须在关系中去觉察。

自我认识当然不只是习得某种特别类型的思考。自我认识不是基于观念、信仰或结论。它必须是一件活生生的事情，否则，它就不再是自我认识而成为纯粹的信息。信息——也就是知识——是不同于智慧的，智慧是了解我们思想和感受的过程。但是，我们多数人都囚困在信息以及肤浅的知识中，因而没有能力对问题进行非常深入的探索。要发现自我认识的整个过程，我们必须在关系中觉察。关系是我们拥有的唯一的镜子，是一面不会扭曲的镜子，我们可以在镜子中准确无误地看见自己思想的展开过程。有很多人在寻求孤立，这是隐秘地建造一堵抗拒关系的围墙。很显然，孤立阻碍了对关系的理解——与其他人之间的关系，与观念和事物的关系。只要我们不了解关系，不了解我们和财产之间的关系、与他人的关系、与想法的关系，也就是不了解关系的真实情况，那么很显然，我们就一定会有困惑和冲突。

一九五〇年一月一日，斯里兰卡科伦坡第二次公开谈话

“克里希那穆提文集”第六卷

一个真正想了解真相的人，必须拥有一颗安静的心灵，这种安静只有通过对自己的了解才能出现。

所以，我们首先必须认识到了解自己的重要性和必要性。因为，如果不了解自己，任何问题就都不可能得到解决，战争、对抗、妒忌和纷争就会继续存在。一个真正想了解真相的人，必须拥有一颗安静的心灵，这种安静只有通过对自己的了解才能出现。心灵的安宁不会通过约束、控制和强迫而得到。只有彻底理解问题——就是自己的投射，安宁才会出现。只有当心灵安静下来，没有投射时，真实才可能出现。就是说，为了真相的呈现，心灵必须安静——不是使它安静下来，也不是控制、压制或强迫它安静，而是由于理解，心灵自然而然地安静下来，理解了“我”的整个结构及其全部记忆、制约和冲突。当所有这一切得到完全而真实的理解时，心灵就会安静，唯其如此，它才可能去了解那个真实之物。

一九五〇年六月四日，纽约第一次公开谈话

“克里希那穆提文集”第六卷

没有自我认识，无论你做什么，都无法影响或者创造一个美好的世界。

因此，对于一个宗教人士而言，重要的并不是重复自己从书本上学到的东西，或重复由自身局限而投射的那些体验，而是他有兴趣了解自己——没有任何幻觉、任何扭曲、任何变形——如实地看见自己身上的一切。要真正如实地看见事情的原貌，这是一项艰巨的任务。我不知道你是否曾这样做过，我不知道你是否曾观察事物而没有渲染它、没有扭曲它或给它命名。我建议你去试试，改变一下，去看看你称为“贪婪”或“嫉妒”的事物，你会意识到，这样看是非常困难的。因为，“贪婪”“嫉妒”这些词语本身就携带了某种责备的意味。你或许就是一个贪婪的人、野心勃勃的人，但是，看着野心，承受着这种感受和感觉，而不去谴责它——

只是去感受，去看——你会意识到，这需要非凡的能力。

所有这些都是自我认识的一部分。没有自我认识，那么，无论你做什么——改革、进行各种形式的革命……你都永远不会影响或者创造一个美好的世界。

一九五八年十月二十二日，马德拉斯第一次公开谈话

“克里希那穆提文集”第十一卷

自我认识是智慧的开端，也是整个宇宙，它囊括了人类的全部奋斗史。

提问者：我们如何认识自己呢？

克里希那穆提：认识自己是所有教育的目的。没有自我认识，仅仅去收集事实或做笔记，以便自己能通过考试，这是一种愚蠢的生存方式。你也许能够引述《薄伽梵歌》《奥义书》《古兰经》和《圣经》，然而，除非你了解自己，否则你就像是一只学舌的鹦鹉。所以，你开始认识自己的那一刻，不管它多么微小，就已经开启了一次非同寻常的创造过程。这一次的发现过程，你突然看见自己的本来面目：贪婪、好辩、易怒、嫉妒、愚蠢。看到这个事实而不试图去改变它，只是去看那个真实无误的自己，这是一次令人震撼的革命。从这里开始，你可以走得越来越远，无限深远。因为，认识自己是没有止境的。

通过自我认识，你开始发现什么是信仰、什么是真理、什么是永恒的状态。你的老师也许会给你传授他从自己老师那里所接受到的知识，你或许在考试中表现不错，获得学位等诸如此类事情；但是，如果你不了解自己——就像在镜子里去认识自己的面孔那样，那么，其他所有知识都没有意义。有学识却不了解自己的人，其实就不是智慧的人，他们不知道思考是什么、生活是什么。这就是为什么教育者要接受真正意义上的教育非常重要的原因——这意味着，他必须知道自己头脑和心灵的运作方式，必须在关系的镜子中准确无误地看见他真实的样子。自我认识是智慧的开端，也是整个宇宙，它囊括了人类的全部奋斗史。

《人生中不可不想的事》

你的头脑就是人类，当你意识到这一点时，就会产生极大的慈悲。

自由存在于围墙之外、社会模式之外，然而，要从这个模式中解脱，你必须了解它的全部内容，也就是了解你自己的头脑。正是这个头脑创造了当前的文明——就是这个受教条束缚的文化或社会。没有理解你自己的头脑，只是作为一个抱怨者不停地埋怨，就毫无意义。这就是为什么认识自己非常重要的原因。觉察你自己的全部行为、思想和感受是非常重要的，这才是教育，不是吗？因为，当你充分觉察到自己，你的头脑才变得非常敏感和警觉。

你试一试——不是在遥远将来的某一天，而是明天或今天下午。如果房间里有太多人，如果你家里很拥挤，那么就出去，坐在一棵树下或是河岸边，静静地观察你的头脑如何工作。不要纠正它，不要说“这是对的，那是错的”，只是像观看电影那样去观察它。当你看电影时，你并没有参与其中，是男女演员们在表演，你只是在观看。以同样的方式观看你的头脑如何运作，这真的非常有趣，远比任何电影有趣。因为，你的头脑就是整个世界的沉淀，它包含人类的全部经验。你理解了吗？你的头脑就是人类，当你意识到这一点时，就会产生极大的慈悲。经由这份了解，就会出现伟大的爱；那么，当你再看到可爱的事物时，你就会知道美是什么。

《人生中不可不想的事》

对我而言，冥想是理解你自己心灵的过程。

提问者： 即使在冥想时，一个人似乎也不能觉察到真相是什么。请问，您能告诉我们什么是真相吗？

克里希那穆提： 让我们暂时不要管什么是真相这个问题，而是首先考虑什么是冥想。对我而言，冥想完全不同于书本以及古鲁们所教给你的那些东西，冥想是理解你自己心灵的过程。如果你不理解自己的思想——理解自己的思想就是自我认识，那么，无论你思考什么都毫无意义。没有自我认识的基础，思考就导致了烦扰。每个想法都具有意义，如果头脑不能看到想法的意义——不只是一两个想法，而是在每个想法产生时，都认识到它的意义。那么，仅仅专注于某个特别想法、形象或一套词语——它通常被称作冥想——就是一种自我催眠的方式。

《人生中不可不想的事》

无选择地觉察到你周围和你内心的一切，这就是冥想。

我在谈论的是一些完全不同的事情：通过极大的警觉，将心灵从它自身的全部反应中解脱出来——没有控制，没有刻意的意愿——由此，产生一种内在安宁的状态。只有这颗极其强烈而高度敏感的心灵，才可能是真正安静的，而不是被恐惧、悲伤和欢乐所麻痹的心灵，也不是因遵循不胜枚举的社会和心理需求而变得迟钝的心灵。

真正的冥想是最高形式的智慧。它不是那种微闭双眼，盘起腿来坐在角落里的事情，也不是倒立或你做的任何这类事情。冥想就是觉察，在你走路时、乘坐公共汽车时、在办公室或厨房忙碌工作时，完全地觉察——全然地觉察你使用的词语，你做出的手势、讲话的举止、吃饭的方式，还有你如何对他人颐指气使。无选择地觉察到你周围和你内心的一切，这就是冥想。如果你能这样去觉察你周围的诸多影响，你就会看到，在与这类事情接触时，你将会多么快速地理解和摆脱每一个影响。

然而，几乎从没有人走得这么远，因为，他们如此深受传统的制约。如果一个人恰好生活在印度，那么这一点就尤为真实。在这里，人们绝对必须做某些特定的事情——他们必须完全地控制身体，由此控制自己的思想，通过这种控制，他们希望抵达至高的境界，然而，他们获得的将是自我催眠的结果。在基督徒的世界里，你用不同方式做着相同的事情。但是，我在谈论的这件事情，它需要最高形式的智慧。

一九六三年七月二十三日，萨能第八次公开谈话

“克里希那穆提文集”第十三卷

这种思维的减缓以及对每个思想的检视，就是冥想的过程。

那么，无论你静静地坐着，还是在讲话或玩耍，你觉察到自己偶然出现的每个思想和反应的意义了吗？试试吧，你会看到，觉察自己每个思想的运作过程是多么困难，因为，思想是如此快速地一个接一个不断叠加。但是，如果你想检视每个思想，真正想看清它的内容，你会发现思想慢了下来，那时，你就可以观察它们了。这种思维的减缓以及对每个思想的检视，就是冥想的过程；如果你深入探索，就会发现，通过觉察每个思想，你的头脑——就是现在这个装满想法的庞大储藏室，各种想法躁动不安、彼此对抗——变得非常安静、彻底安宁。这时，就不会有任何形式的渴望、冲动和恐惧；在这种安静中，那个真实之物就出现了。并没有一个“你”在体验真理，而是心灵安静时，真理不邀而至……

《人生中不可不想的事》

当心灵全然安静，没有幻觉，也没有任何形式的自我催眠时，那个并非由头脑拼凑而成的事物就出现了。

因此，首先有一种觉察——没有拣选地观察你的全部想法和感受，观察你做的每件事。在觉察中就出现了一种没有边界的关注状态，心灵可以聚精会神。所以，经由这种关注的状态，就有了心灵的安静。当心灵全然安静，没有幻觉，也没有任何形式的自我催眠时，那个并非由头脑拼凑而成的事物就出现了。

你看，现在困难来了，就是要尽可能地用言语去传达某种不可言传之物——那个不可言传之物就是我们在寻找的东西。我们都想找到某样事物，它超越了这个痛苦、专制、强迫和镇压的世界，超越了这个冷漠、无情、残酷的世界。我们充满勃勃野心，深怀民族主义情结，不断在加剧战争的残酷，然后我们厌倦了这一切，想要和平。我们想找到某个地方，那里一派祥和、充满福佑，所以，我们发明了救世主或另一个世界，如果去做某些事情或去相信某些事物，它就会赐予我们想要的和平。然而，深受制约的心灵，无论它多么想要和平，都只会带来自身的毁灭，这是在世界上实际发生的事情。

那么，冥想就是清空心灵中所有那些由头脑拼凑而成的事物。如果你这样做——也许你不会做，但没有关系，只是去听——你会发现，在心灵中就出现了一片广阔空间，那个空间就是自由。所以，你必须在一开始就要求自由，而不只是等待或希望在终点拥有它。你必须在自己的工作中、在关系中、在你做的每件事情中寻找到自由的意义。那么，你会发现，冥想就是创造。

一九六三年七月二十三日，萨能第八次公开谈话

“克里希那穆提文集”第十三卷

当头脑彻底觉察到它的制约时，就只有头脑，而没有和它分割开的“你”。

你看，当头脑彻底觉察到它的制约时，就只有头脑，而没有和它分割开的“你”。但是，当头脑对制约只是部分地觉察时，它就分裂了自己。它或是讨厌它的局限，或是说那很好。只要有谴责、评判或比较，就不会全面了解制约，因而就延续了那个制约。相反，如果头脑觉察到制约，而没有谴责或评判，只是在观察它，那么，就会产生一种彻底的洞察。你会发现，如果这样去觉察，头脑就会将自己从那个制约中解脱。

一九五五年一月九日，瓦拉纳西第一次公开谈话

“克里希那穆提文集”第八卷

理解了经验、野心和嫉妒，就是为冥想打下正确的基础。

请认真听我正在讲的这番话。看看你的生活如何变成了现在的样子——充满苦难、悲伤，还有从你出生那一刻到死亡那一刻，永不休止的挣扎、痛苦、疼痛、焦虑、恐惧、内疚，你个人那无以计数的疼痛、沉闷，以及那没有爱、没有感情的责任和义务——再没有其他东西了。这就是你的生活。你不会因为我的谈话就改变它。但是，如果你听到某个实际的东西，它是真实的，既不是宣传，也没有试图强迫你以这样那样的方式去做什么事情或去思考，你就会不知不觉地改变了。如果你觉察到自己生活实际存在的样子——生活中的痛苦、悲伤和肤浅——那么，从这份对事实的觉察中，就产生了无须费力的即刻转变。这就是我们所关心的——

只是去看见事实。你以何种程度的清晰去看见事实，这才是关键所在，并不是你准备对事实做些什么。你不能对事实做任何事情。你的生活实在太狭窄了：你深受制约。你的家庭和社会极其可怕——他们不放手。所以，很不幸，只有一小部分人能够打破制约。但是，如果你只是在听，只是去看事实——生活实际的模样，它是多么悲惨、沉闷、肤浅——只是这样去观察事实就足够了。如果你不反抗它，不说“我对此无能为力，所以要逃开”，那么，事实就会对你起作用。看看你每天的生活，首先要有所觉察，在这种觉察中，就产生了一种无须努力的行动。因此，这种行动从来不会充满妒忌和贪婪。

所以，当你理解了经验……理解了野心和嫉妒——它们是我们这琐碎肤浅的社会生存和经济生活的本质，那么，这样的理解就为进一步探索打下了基础。没有这个基础，你做任何事都不可能走得深远。没有这个基础——没有在意识层面以及深度无意识层面，对经验的整个过程、野心的腐化影响以及嫉妒之肤浅的理解——你就不可能到达深远的地方。这个基础是冥想的基础，这就是冥想的美。冥想是一种非凡的事物。

这个冥想的基础，就是公正的基础——不是社会公正或经济公正，而是了解自我的公正。当心灵打下这样的基础，思想会发生什么呢？思想的位置又是什么？为了获取知识，我们训练思维；为了有所成就和不断达成，我们训练思维；为了更多体验然后去选择或避免某个体验，我们训练思维。

那么，当你理解了经验、野心和嫉妒，思想的位置是什么呢？那时还会有思想吗？抑或出现了一种截然不同的行动？它不是思想的结果，因为思想是记忆的反应。所以，探询思想的意义以及思想和行动的位置——包括集体和个人两方面——当你打下基础时，就会出现这样的探寻。没有这个基础，你就不可能探寻思想的本质以及思想的止息，或者思想会发生什么。仅仅去控制思想仍是一种矛盾，控制暗含着压抑、约束和管教。而受到约束的心灵永远不可能自由，因此，这样的心灵也就不能够打下正确基础，无法探寻思想的意义。

正如我所说，我们看到了控制的意义以及它的制约，在控制中存在约束、限制和压抑，由此产生没完没了的冲突。当你理解了这一点，非常深入地探索它，那么，就出现一种觉察，能够关注而不受制约。然而，经过训练控制自身的头脑永远不可能去觉察，相反，觉察却能够不受局限而去关注。所以，你会看到，当你理解了那种觉察，理解了经验，理解了野心的意义以及嫉妒的本性时，你就在自身打下基础——不是通过努力——你只是凭借看清事实而理解了。对事实的理解给予你能量。所以，事实从来不会制造问题。如果你能理智客观地看待事实，那么，你就能够继续前行，你会看到，你能够找到思想的位置。

如果你不再寻求经验，那么还会有思考吗？你的心灵被野心和成功所驱使，它想接近神明——这也是野心。如果你不再贪婪索取，不管是世俗事物还是内心——这意味着，不再获取，不再需求越来越多的经验、感官体验、感受、幻觉——那么，就没有思想的位置了。由此开始，你会发现心灵变得无比宁静。迄今为止，我们都在为达成这些目的而去运用大脑，经过深入探索，经过理性、明智而正确的检视，这些目的得到了理解，那么，大脑就摆脱了这一切。然后这颗心灵自然就变得十分安静。不是因为它想到达某处，还没有理解这极大的不满、失败和绝望，而是因为理解了所有这一切，因而心灵变得高度敏感、警觉却又非常安静。再强调一次，这就是冥想的基础。

安静的心灵能够没有扭曲地观察。因为它理解了思想和感受，不再寻求经验，所以，它就能够进行观察而不会扭曲事物。它不再关心任何经验，而是像观察实物那样——例如通过显微镜观察细菌。如果你打下基础，并且非常深入地探索了自己，你就能够以这种方式去观察。没有书本、没有古鲁、没有老师、没有救世主可以引导你走得更深远——他们只可能告诉你“去做这个，不要做那个，不要野心勃勃，要有雄心壮志”。当你自己打下基础，你就会觉察这个全然安静和高度敏感的大脑，那时，它就能够观察实际正在发生的事情。它不再关心经验，不再关心如何把看到的事情用词语转译出来，然后和另一个人进行交流，它仅仅在观看。当你进行了如此深远的探索时，你就会看到，有一种运动，它存在于时间之外。

全然安静而没有任何反应——这是极其难以做到的事情——大脑，只是一件观察工具，所以，它非常活跃和敏感。从我们开始谈论至现在，这一切就是冥想。当你在冥想中探索得非常深远时，你会发现存在于时间之外的一种运作和行动，它是一种不可度量的状态，你或许称之为神——这并没有什么意义。这种状态就是创造——不是写一首诗、画一幅画，也不是在大理石上刻下某种形象，这些不是创造，它们不过是表达而已。

有一种超越时间的创造。除非我们知道它——不是作为知识的“知道”，而是它的真实含义——除非对这个状态有极大的觉察，否则，我们的日常行动将意义甚微。你或许非常富裕，或许有一个很幸福的家庭，或许你拥有世界上的一切，抑或你渴望得到世界上的一切，然而，如果没有了解这个事物，你的生活就变得空洞和肤浅。

当你通过觉察，毫不费力地终止我们谈论的那一切——野心、经验、冲突，只有那时，即刻的转变才可能发生。然后就会出现某种无法用语言来传达的事物。它不是某种你准备寻求的事物，因为所有的寻找已经停止了。这就是冥想，它具有非凡的美。存在一种伟大的无比奇妙的现实感，这是一个渺小而平庸的头脑所不可能理解的——这样的头脑只会反复诵读《薄伽梵歌》和《奥义书》，追寻古鲁，诵读咒语等没完没了的词语，这一切必须停止。头脑必须彻底清空已知事物，这样那个未知的事物也许才可能出现。

一九六一年十二月十日，马德拉斯第六次公开谈话

“克里希那穆提文集”第十二卷

当心灵彻底理解自己，完全领悟自己，不再有任何障碍——只有那时，真实才会出现。

只有对思维方式有了完全的领悟——这就是冥想，个人的转化才可能发生。了解自己是一个没有谴责、没有辩护的过程，只是看着自己本来的样子，只是观察而不评判，不去审查、控制或调整自己。觉察自我本来的样子而不做任何评价，这会将心灵引向极为深远之处。只有到达那个深度，才会发生转化；而且，在那样深刻的理解中所产生的行动，自然完全不同于调整的行动。

我希望你作为个人，听了这些讲话，不仅是收集了一些信息，得到智力上的愉悦、兴奋，或者情感上被搅动了，而且在此过程中，了解到关于你自己的东西，因而解放了自己。因为，从讲话一开始到现在，我们谈论了关于心灵的真实和日常状态。如果你丢掉这些，然后说你只对神明感兴趣，对死后会发生什么感兴趣，那么，你会发现，你的神明和你死后的事情只是一套推测的想法，它们根本没有什么可信度。要发现神明是什么或是否有神明，你必须用你全部的存在，以清新的心灵去接近它。不是用现在这个腐朽的心灵，背负着它的全部经验，被严苛的纪律破坏而减损，被欲望所焦灼——而是真正满怀激情的心灵——激情是就其强度和丰富而言。只有这样的心灵能得到那不可度量之物。除非你在内心不断深入地去挖掘，否则就不可能发现那不可度量之物。你反复说存在永恒，这不过是小儿痴语，你对永恒的追求也毫无意义。因为，对头脑而言，永恒是无法了解和不可想象的。头脑必须了解自己，打破它的知识基石和认知边界，这就是自我认识的过程。你现在所需的是一次内在革命，以一种全新的方式去生活，不是新体系、新学校和新哲学。那么，由这次转化开始，你会看到，作为时间的头脑停止了运作。毕竟，时间犹如大海，永不安宁，永不平静，始终运动不止、躁动不安，我们基于时间的头脑就囚困在它自身的运动中了。

只有当你完全了解你自己，包括意识和无意识的自己，那时才会有一种安宁和静止，这就是创造。这种静止就是行动，真正的行动。只是我们从没有触及它，从来都不知道它，因为，我们把自己的能量和时间、悲伤和努力都浪费在肤浅的事情上了。

所以，最认真的人就是那些通过自我认识去推倒时间围墙的人，由此带来心灵的安宁状态，这时就出现一种不邀而至的福佑和不请自来的真实与良善。你渴望它，却不会得到它；你寻找它，却不会找到它。只有当心灵彻底了解自己，完全领悟了自己，不再有任何障碍，并且清空了所有已知事物——只有那时，真实才会出现。

一九五八年十二月二十八日，孟买第十次公开谈话

“克里希那穆提文集”第十一卷

第五章 心灵的平和之美

教育既是治疗，也是预防。

不幸的是，有些教育却令你野心勃勃，热衷于贪婪获取，并且在追逐地位和权力中摧毁他人，变得腐朽败坏。这不是教育，它不过是限制你并使你顺从某种模式的过程。教育的真正功能并不是把你变成职员、法官或首相，而是帮助你去理解这个社会的整体结构，允许你在自由中成长，这样你就会脱离出来，从而创造一个不同的、崭新的世界。而这个新世界不是基于贪婪获取，不是基于权力和名望。

我听到那些较年长的人说："这永远不可能做到。人的本性就是这个样子，你讲的不过是一通废话"。但是，我们从来没有想过，让成年人的心灵从制约中解脱，然后他就不会限制孩子。毫无疑问，教育既是治疗，也是预防。教育真正的功能不仅是帮助你摆脱自己的制约，而且是要帮助你理解这重复机械生活的整个过程。这样你才可以自由成长，并且创造一个新世界，这个世界必然和当前的社会截然不同。

《人生中不可不想的事》

生活就是亲自去发现真相是什么，只有当自由存在时，你才能做到这一点。

毫无疑问，除非教育是帮助你去理解生命的无限广阔以及它的全部微妙之处、它无比殊胜的美、它的一切悲伤和喜悦，否则它就意义甚微。你也许取得学位，也许在名字之后有一长串称号，并且捞得一份非常好的工作。但之后又怎样呢？如果在这个过程中，你的心灵变得迟钝、疲惫而又愚蠢，这一切又有什么意义呢？因此，当你年轻时，就必须寻找并发现生活的全部意义，难道不是吗？在你自身培养智慧，并借此去努力发现所有问题的答案，这难道不正是教育的真正功能吗？你知道智慧是什么吗？它无疑是一种自由思考的能力，没有恐惧，没有条规。如此一来，你开始亲自去发现真实是什么、真相是什么；但是，如果你充满惊恐，就永远不会有智慧。任何形式的野心，不管是精神的或世俗的，都会滋生焦虑和恐惧。所以，野心并不会帮你创造一颗清晰、简单、直接——因而是智慧的心灵。

你知道，在你年幼时就生活在一个没有恐惧的环境中，这真的非常重要。我们大多数人随着年龄增长，都变得心怀恐惧：我们害怕生活、害怕失去工作、害怕传统、害怕邻居的闲言碎语、害怕妻子或丈夫发牢骚、害怕死亡。我们多数人都有这种或那种形式的恐惧，然而，有恐惧的地方，就没有智慧。那么，对所有人来说，当我们年轻时就在一种没有恐惧的环境里生活，更准确地说，是在一个自由的氛围中生活，这难道不可能吗？自由不只是去做我们喜欢的事情，而且是去理解生活的全部过程。生命真的非常美好，它不是我们使之成为的这件丑陋的事情。只有当你亲自发现真相是什么时，那么你才可以领会到生命的富饶、它的深奥以及它无与伦比的美。不要去模仿，而是去发现——这就是教育，不是吗？遵循你的社会或父母和老师所告诉你的东西非常容易，这是一种安全而容易的生存方式。生活就是亲自去发现真相是什么。只有当自由存在时，当你持续进行内在革命时，你才能做到这一点。

毫无疑问，教育的功能是帮助每一个人自由地生活而没有恐惧，难道不是吗？但是，要创造一个没有恐惧的氛围，这需要你自身大量的思考，也需要老师和教育者的大量思考。

你知道这意味着什么吗？创造一个没有恐惧的氛围，这将是一件非同寻常的事情！我们必须创造它。因为，我们看到，这个世界已深陷永无休止的战争中，这个世界被那些在寻求权力的人们所引导，这是律师、警察和士兵的世界，是那些怀有野心的男男女女的世界，他们都渴望权位并且为此争斗不休。还有所谓的圣人、宗教上师以及追随者们，他们也想要权力、地位——在此生或是来世。

那么，教育的功能是什么？仅仅是帮助你遵循这个社会秩序的模式，抑或给予你自由——完全的自由去成长，然后创造一个不同的社会，一个新世界？我们想拥有这种自由，不是在将来，而是现在，否则我们也许都会被毁灭。我们必须即刻创造一个自由的氛围，这样你就可以自由生活，并且亲自发现什么是真实。如此你就成为智慧的人，能够面对这个世界并且理解它——而不只是去遵循它——你会在内心深处持续不断地进行反抗。因为，只有那些不断反抗的人才会发现真实是什么，而不是那些顺从的人，不是跟随某些传统的人。只有当你进行持续不断的探索、观察和学习，你才会发现真理、信仰或者爱；如果你充满恐惧，就不可能探索、观察和学习，不可能深切地觉察。因此，教育的功能无疑就是将这种毁灭人的思想和人际关系、毁灭爱的恐惧——内心和外部的恐惧——都连根拔除。

《人生中不可不想的事》

内心的富足意味着孑然独立……

内在的富足比获得外在的财富和名气要困难多了，这需要更多的爱护和更密切的关注。如果你有些天分并且懂得如何充分利用它，你就会出名；但是，内心的富足不是以这样的方式出现的。要想内在变得富足，心灵必须了解和丢弃那些不重要的东西，比如成名的想法。内心的富足意味着孑然独立；那些想出名的人害怕独自一人，因为他依赖别人的阿谀奉承以及赞誉好评。

《人生中不可不想的事》

教育的功能是帮助你从童年开始就不要去模仿任何人，而是一直做你自己。

我想知道，你是否曾经停下脚步，观察在夕阳落山时那西天的壮丽霞彩？害羞的新月刚刚挂上树梢，通常在那个时刻，河水都变得十分平静，万物的倒影浮现在水面上：桥梁、驶过的火车、柔月。这会儿，随着天色渐晚，星星也出现在水面上了，这一切非常美丽。用你全部的注意力观察和观看这些美好的事物，你的头脑必须摆脱所有先入为主的成见，不是吗？它必须不被问题、担忧和猜测所占据。只有当心灵非常安静时，你才能够真正去观察。因为这时，心灵对于非同寻常的美就很敏感，或许在这里，我们会找到关于自由这个问题的线索。

那么，自由意味着什么？做某件恰好适合你的事情，去你喜欢的地方，或者随心所欲去思考，自由是这样一件事吗？总之，你是这么做的。仅仅拥有独立，这意味着自由吗？世界上很多人都是独立的，但几乎没有人是自由的。自由意味着极大的智慧，不是吗？想变得自由，就要有智慧，只是希望变得自由，自由并不会出现。只有当你开始了解周围的整个环境，社会、宗教、父母和传统的影响，这些影响不断在靠近你、裹挟着你，只有当你理解这一切时，自由才会来到。但是，要理解各种影响——父母的影响，政府和社会的影响，你所隶属的文化的影响，你的信仰和迷信的影响，还有那些你不假思索就去遵循的传统影响——要理解全部影响并从中解脱，这需要深刻的洞察力。可惜的是，你通常会屈服于它们。因为你内在充满了恐惧，你害怕生活中没有处在一个优越地位，害怕神父会说什么，害怕没有跟随传统或没有做对事情。所以，自由其实是心灵的某种状态，没有恐惧或强迫，也没有想要安全的渴望。

不管是在这个政客、权力、地位和权威的世界里，还是在所谓的灵性世界里，你都渴望变得有德行、高贵、圣洁，然而就在你想成为重要人物的那一刻，你就不再是自由的了。但是，那些看清所有这类事情的荒谬之处的人们，他们的心纯洁无染，所以不受这种想成为重要人物的渴望所驱使——这样的人就是自由的。如果你理解了自由的简单和朴素，你也会看到它非同寻常的美和深度。

不论是追随某位大师、圣人、老师或亲属的榜样，还是坚持某种特别的传统，这些都意味着你自己想成为某个大人物；所以，只有当你真正理解了这个事实时，才会有自由。

教育的功能是帮助你从童年开始就不要去模仿任何人，而是一直做你自己。这是最难以做到的一件事：无论你长相难看或漂亮，无论你是羡慕或妒忌他人，都一直做你自己，但要去理解它。做你自己是极其困难的，因为你认为自己是卑微的，如果能够将自己变成某个高贵的人，那是多么了不起啊！但是，这种事绝不会发生。相反，如果你看着自己真实的样子并且去理解它，那么在这份理解中就有了某种转化。因此，自由不在于试图成为某个不同的人，不在于做你恰好喜欢做的事情，也不在于跟随传统、父母或上师的权威，自由在于时时刻刻去理解你自己。

或许，有些人并没有受到这样的教育，而接受的教育是鼓励你成为这个或那个人——但是，这并不是对你自己的理解。你的“自我”是一种非常复杂的事物，它不仅是那个去上学、争吵、玩游戏的存在体，不仅是那个充满恐惧的人，它还是某个隐藏的事物，这并不是显而易见的。它不仅由你思考的全部想法所组成，还由其他人、书本报纸或你的上司灌输到你头脑里的一切事物所组成；只有当你不想成为大人物，当你不再模仿和跟随时——这意味着，当你真正反抗努力成为什么人物时——你才可能理解全部事物。这是唯一真正的革命，它通往极大的自由。培养这样的自由才是教育的真正职能……

一个崭新世界的希望就在于你们中间的这部分人开始看清什么是虚假的，然后去改变，不只是说说而已，而是真实地改变。这就是为什么你们应该寻求一种正确教育的原因，因为，只有在自由中成长时，你才能够创造一个新世界，它不是基于传统或是根据某些哲学家或理想主义者的个人癖好而塑造的世界。但是，如果你只是在努力成为大人物或者模仿某个高贵的榜样，自由就不可能存在。

《人生中不可不想的事》

教师的职责是帮助你发现自己的本质，如果他把你和另外某个人进行比较，就不可能帮助你做到这一点。

比较是我们所谓教育和我们整个文化的基础。老师总是这样说，你必须像某某男生或女生做得一样好，因此，你竭力变得像他们一样聪明。那么，你会发生什么呢？你变得越来越忧虑，身体上生病了，心理上精疲力竭。相反，如果老师不把你和任何人做比较，而是说："看这里，大男孩，做你自己吧。让我们来找出你对什么感兴趣，你有哪些能力。不要去模仿，而是做你自己，就从你这里开始。"如果老师这样说，那么，重要的人就是你，不是其他什么人。重要的是个人，然而通过把学生和另一个更聪明的人做比较，老师就是轻视了他，使他变得更加渺小和笨拙。教师的职责就是帮助你发现自己的本质，如果他把你和另外某个人进行比较，就不可能帮助你做到这一点。比较毁了你。因此，不要把你自己和另一个人做比较，你和任何人一样好。弄明白你是谁，然后由此开始，去发现如何成为更丰富、更自由以及更开阔的你自己。

《前方的生活》

无论是什么，如果你真正爱做这件事，你就不会是野心勃勃的。因为，在爱中没有野心。

你知道天职是什么意思吗？它是某件你喜欢做的事情，是与你性之相近的事情。毕竟，这就是教育的功能：帮助你独立地成长，这样你就从野心中解脱出来，并且能够找到自己的真正职业。充满野心的人从来不能发现他的真正职业，如果他找到了，就不会是野心勃勃的。

帮助你去发现自己的真正职业是非常困难的，因为这意味着老师必须给予每个学生大量的关注，发现他的能力所在。老师必须帮助学生不要心存恐惧，而是去质疑和探究。你也许是一位有潜力的作家、诗人或画家。无论是什么，如果你真正爱做这件事，你就不会是野心勃勃的。因为，在爱中没有野心。

所以，在你年轻时，你应该得到帮助以唤醒自己的智慧，并且由此找到你的真正职业，这难道不是非常重要的吗？如此一来，你终生都会爱你所做的事情，它意味着没有野心、没有竞争、没有为职位和声望与另一个人争斗；你也许就能创造一个新世界。在这个新世界，年长一辈的那些丑陋事情——战争、痛苦、他们各自的神明、毫无意义的仪式，还有他们的主权以及他们的暴力——这一切都将不复存在。这就是为什么教师以及学生的责任都非常重大的原因。

幸福……不是某种去寻找的东西。当你在做某件事情时，是因为你真正喜欢做，而不是因为它给予你财富或者使你成为一个杰出人物，那时快乐就会来到。

《前方的生活》

野心是一种自私自利和自我封闭的形式，因此导致了心灵的平庸。

我认为，有野心是一个祸因。野心是一种自私自利和自我封闭的形式，因此导致了心灵的平庸。倘若生活在一个充满野心的世界而没有野心，这意味着是真正由于事情本身而喜欢它，不会去寻求某种奖赏和某个结果，但这非常困难。因为，全世界的人，你的亲朋好友，每个人都在努力想成功，想有所成就，想成为大人物。所以，要了解这一切，从中解脱，去做某件你真正喜欢的事情——不管它是什么，无论它如何卑微和不受认可——我认为，这会唤醒那种从不寻求认可和报酬的高贵精神，是由于事情本身的缘故去做事，因而就具有一种力量和能力，不会受到平庸影响的制约。

我认为，在你年轻时，看到这一点是非常重要的，因为杂志、报纸、电视和广播不断强调对成功的崇拜，并借此鼓励人们去竞争，当你充满野心时，你就会生活在非常肤浅的层面。在我看来，重要的事情是不要屈服，不要向各种影响低头，你要以一种温和的精神和强大的内在力量迎向它们，如实地去了解，看清它们的真实意义和价值，这样你就不会在世界上制造进一步的纷争。

所以，我认为，一所真正的学校应该通过它的学生们带给世界一种福佑。因为，这世界需要福佑，它处境堪忧。只有当作为个人的我们不追逐权力，当我们不试图实现自己的个人野心，而是清晰地理解了我们所面临的这些庞杂问题，那时这种福佑就会到来。这需要非凡的智慧，它意味着，心灵真正不再依据任何特定模式去思考，而是在内心得到自由，所以能够看清真相是什么，并且将那些虚假的事物弃置一旁。

《前方的生活》

管教并不是爱的方式，这就是为什么管教无论如何都应该避免的原因。

很多成年人认为，某种形式的管教是必要的。你知道管教是什么吗？就是让你去做某件你不愿意做的事情的过程。存在管教的地方，就会有恐惧；因此，管教并不是爱的方式，这就是为什么无论如何都应该尽量避免管教的原因。管教的形式有强制、抗拒和迫使，就是让你去做某件你其实并不理解的事情，或者通过给你提供某种奖励而说服你去做这件事。如果你不理解某件事，就不要去做，也不要被强迫去做。要求一个理由，不要只是一味执拗抗拒，而是努力去发现这件事情的真相。如此一来，就不再牵扯到恐惧，你就会变得内心柔韧、头脑灵活。

《前方的生活》

只有当你拥有智慧和爱，当你没有恐惧时，良善才会出现。

提问者：您能告诉我，既然父辈们想让我们变得良善，为什么我们不应该融入他们为我们设计的规划里呢？

克里希那穆提：你为什么应该适应父辈们的规划？无论那可能多有价值、多高贵……因为，如果你真的适应了，会发生什么呢？你成为一个所谓的好女孩、好男孩，那又怎样呢？你知道变得良善是什么意思吗？良善不只是做社会所告诉的事情，或者你的父母所说的事情。良善是完全不同的事情不是吗？只有当你具有智慧和爱，当你没有恐惧时，良善才会出现。如果你充满恐惧，你就不可能是良善的。通过做社会要求的事情，你可能会变得受人尊敬，社会嘉奖你一个桂冠，它说："你是多好的一个人啊！"但仅仅受人尊敬并不是良善。

《前方的生活》

所以，从孩子最稚嫩的年龄开始，我们就帮助他们认识恐惧的含义并从中解脱，这非常重要。

提问者：我们生活在一个传统的社会中，如何能使心灵获得自由呢?

克里希那穆提：首先，你必须有这种想要自由的渴望和需求，就好像鸟儿渴望飞翔或者河水渴望流动。你有这种想要自由的渴望吗？如果有，那么会发生什么？你的父母试图强迫你适应某个模式，你能抵抗他们吗？你会发现这很难。因为你害怕：害怕不能得到一份工作，害怕不能找到合适的爱人，害怕自己会挨饿或者人们会议论你。尽管你想要自由，你却心怀恐惧，所以你并不打算抗拒父母。你害怕有人可能会说什么，或者你的父母可能会做什么，这种担忧阻挡了你，所以，你被迫适应了那个模式。

现在，你可以说：“我想知道，而且我不介意挨饿。无论发生什么，我都准备和社会中的种种障碍做斗争。因为我想自由地去发现。”你会这样说吗？当你心怀恐惧时，你能抵抗所有这些障碍以及强加的要求吗？

所以，从孩子最稚嫩的年龄开始，我们就帮助他们认识恐惧的含义并从中解脱，这非常重要。因为，一旦你怀有恐惧，自由就终止了。

《前方的生活》

真正的和平具有创造力和纯洁无瑕的特征，要找到这种和平，一个人必须理解美。

我们一直在检视那些在我们的生活以及我们的行动或者想法中造成退化的各种因素，而且我们已经认识到，冲突是这种退化的主要因素之一。那么，人们通常意义上所理解的和平，难道不也是一个破坏性因素吗？和平可以由头脑带来吗？如果我们通过头脑得到和平，那难道不也会导致腐败和退化吗？如果我们不是十分警觉并善于观察，“和平”这个词就成为一扇狭窄窗户那样，我们通过它去看世界，试图了解世界。通过一扇狭窄的窗户，我们只能看到天空的一部分，而不是整个天空的辽阔与壮观。仅仅去寻求和平，就不可能拥有和平，寻找是头脑不可避免的过程。

理解这一点也许有些困难，我将尽可能使它表述得简单而清晰。如果我们能理解和平是什么意思，那么我们或许就能理解爱的真正含义。

我们认为和平是通过头脑和理性所得到的事物，是这样吗？通过任何手段使之安静，通过控制或支配思想，和平能够来到吗？我们都想要和平，对于多数人来说，和平意味着独自一人，不被打扰或干涉。所以我们在自己心灵周围筑起一堵墙，一堵观念的围墙。

对你来说理解这一点非常重要。因为，随着年龄增长，你将面临战争与和平的问题。和平是可以被头脑追寻、抓住或驯服的事物吗？我们多数人称为“和平”的事物只是停滞不前、缓慢腐化的过程。我们认为通过依附一套理论，通过在内心建立一堵安全而稳妥的围墙、一堵习惯和信仰的围墙，我们就会找到和平；我们认为和平是追求某种准则的事情，是培养某种特定趋势、特别嗜好以及特别愿望的事情。我们想生活不受打扰，所以我们发现世界的某些角落或我们自身的某个角落，然后蜷缩其中，我们于是生活在自我封闭的黑暗中。这是我们多数人在与丈夫的关系、与妻子的关系、与父母的关系以及与朋友的关系中所寻找的东西。潜意识中，我们为了得到和平愿意付出任何代价，所以我们就去追寻它。

但是，头脑能找到和平吗？难道头脑本身不就是混乱的源头吗？头脑只能收集、积累、否定、断定、回忆或追寻。和平一定是必要的，如果没有和平，我们就不可能创造性地生活。但是，通过头脑的挣扎、否定和牺牲，可以实现和平吗？你明白我在谈论的这些事情吗？

我们年轻时或许心怀不满，但是，随着年龄增长，除非我们非常明智和警觉，否则不满之情将被改造成对生活的某种形式的平静屈从。头脑永恒地寻找着一种与世隔绝的习惯、信仰、欲望，寻找着某样事物，头脑可以在其中生活又可以与这世界和平相处。然而头脑不可能找到和平，因为，它只会依据时间而思考，依据过去、现在和将来而思考——曾经怎样、现在如何、将来会是什么。头脑总在不断地责备、评判、掂量和比较，寻求自身的空虚、习惯和信仰，这样的头脑永远不可能是和平的。它可能欺骗自己进入了某种它称为和平的状态，但那不是和平。头脑可能通过重复词语或短句，通过跟随某人或积累知识而催眠它自己，但那不是和平，因为，这个头脑本身是躁动不安的中心，它的本性就是时间的本质。所以，这个我们用来思考、计算、谋划和比较的头脑，它不可能找到和平。

和平不是理智的产物。如果你去观察，就如看到的那样，组织化的宗教通过头脑来寻求和平，它们受困于此。真正的和平具有创造力和纯洁无瑕的特征，就像战争具有破坏性特征一样。要找到这种和平，一个人必须理解美。这就是为什么说在我们年幼时就生活在美的环境中是非常重要的原因，包括比例协调的建筑物之美、洁净之美、年长者轻声说话之美。在理解什么是美的过程中，我们就能了解爱。因为，对于美的理解就是心灵的平和。

和平是属于心灵的，不属于头脑。要了解和平，你必须发现美是什么。你走路的方式、使用的词语、做出的手势——这些事情非常重要。因为通过它们，你将发现自己心灵的优美。美不能被定义，不能被言语解释。只有当心灵非常安静时，你才能理解美。

因此，在你年幼而且敏感时，那些对你负有责任的人都应该创造一种美的氛围，这极其重要。你穿衣的方式、走路的方式、坐立的方式、吃饭的方式——所有这些事情以及你周围的事物都非常重要。随着长大，你会遇见生活中那些丑陋的事情、丑陋的建筑物和丑陋的人，以及他们的怨恨、嫉妒、野心和残忍。如果内心没有建立和明确对于美的感知，你就会轻易地被这个世界的巨大洪流带离方向，你试图通过头脑找到和平，就会陷入无穷无尽的挣扎中。头脑投射出和平是什么的观念，你试图追寻它，由此逐渐陷入词语的网中，陷入想象和幻觉的网中。

只有当爱存在时，和平才能来到。如果你只是通过财务上或其他方面的安全，或者通过特定教义、仪式和词语重复得到平静，就不会有创造力，也没有要在世界上带来一场根本革命的紧迫感。这样的平静只会走向满足和顺从。但是，当你在内心理解了爱和美，你就会找到那种不只是头脑投射的平静。正是这样的平静才具有创造力，它能够消除困惑并且在内心带来秩序。然而这种和平不会通过任何努力寻找而来到。当你持续不断地进行观察，当你对生活中的美丑好坏、起起伏伏都敏感时，和平就会来到。和平不是头脑创造的微不足道的事物，它极其伟大、无限广阔。然而只有当心灵富足时，才可以理解和平。

《前方的生活》

要给世界带来和平，要停止所有战争，你和我每个人的内在都必须进行一场革命。

提问者：我们该如何解决当前世界上的政治混乱和危机呢?

克里希那穆提：战争是我们日常生活的显著而又血腥的投射，不是吗?战争不过是我们内在状况的一种外部表达，是我们日常行为的放大。它更为显著、更加血腥、更具破坏力，然而，它是我们所有个人活动的集体结果，因此，你我都对战争负有责任。那么我们可以做些什么来阻止它?很显然，你和我绝不可能阻止一场战争，但是，你和我看见房子起火，明白了这场火的起因，可以远离它并且在新的地点用其他不易燃的材料来建造房屋。我们也可以用这种方式避免更多的战争，这是我们能做的全部事情。你和我能够看到战争的起因，如果我们有热情去阻止战争，那么，我们就可以开始转化自己。因为，我们自己就是战争的原因。

几年前，一位美国女士在战争期间来拜访我。她说，在意大利战场，她失去了自己的儿子，她还有一个十六岁的儿子，她想挽救他。我们就这件事谈论起来。我建议她，要想救自己的儿子，她必须停止贪婪、不聚敛钱财、不寻求权力和支配，而且要在道德上变得简朴——不只是在服饰或外部事物上，而且在她的想法、感受和关系中变得简朴。她说，“这太多了，你要求的太过分了。我做不到，因为环境对我来说太强大了，我难以改变。”那么，她对于自己儿子的毁灭就负有责任。

我们可以控制环境，因为我们创造了环境。社会是关系的产物，是你的关系和我的关系的共同产物。如果我们在自己的关系中改变，社会就会改变。仅仅依靠立法和强制手段期望带来外部社会的转变，同时内心依然保持腐朽，继续寻求权力、地位和支配，那就在摧毁外部社会，不论它如何被小心谨慎而细致严谨地建造起来。内在的事物总是战胜外部的事物。

是什么导致了战争——宗教、政治或经济上的战争？显然是信仰，无论是国家主义的信仰、意识形态的信仰或是特定教义的信仰。如果我们之间没有信仰，只有友善、爱心和关怀，那么就不会有战争。若我们是被信仰、观念和教义所喂养的，就必然滋生不满。当前危机的本质不同于以往，我们作为人类必须抉择，要么继续追寻这条冲突不断、战火连绵的道路——冲突和战争是我们日常行为的结果；要么看到战争的起因，然后转身离开它们。

要给世界带来和平，要停止所有战争，那么，个人——也就是你我的内在，必须有一场革命。经济革命如果没有随之发生的内心革命就毫无意义。因为，饥饿是经济状况失调的结果，而经济状况的失调是由我们的心理状态所导致的，我们贪婪、嫉妒、心怀敌意和占有欲。要终止悲伤、饥饿和战争，就必须有一场心理上的革命。但是，几乎没有人愿意面对这一点。因为我们不放弃自己的地位、权威、金钱、财富和愚蠢的生活方式。依赖他人根本是徒劳的：其他人不可能带给我们和平。能够带来和平的是内心的转变，它会引起外部的行动。内心转变并不是孤立的，不是从外部行动中退缩。相反，只有产生正确的思考，才可能有正确的行动。如果没有自我认识，就没有正确的思考。所以，如果不了解你自己，就没有和平。

要终止外部的战争，你必须开始终止自己的内心战争。你们中有些人会点头说“我同意”，然而走出去后又继续做相同的事情，这些事情你已经做了十年或者二十年。你的同意只是口头上的，所以没有任何价值。只有当你意识到危险、意识到你的责任，当你不把问题留给其他人，这时悲惨和战争才会被终止。如果你意识到这些痛苦，如果你看到即刻行动的急迫性而不再拖延，那么，你就会转变你自己。只有当你自己是平和的，当你与邻居和睦相处时，和平才会来到。

《最初和最终的自由》

总结
生命的全部意义

要发现生命的全部意义，你的心灵必须是自由的，只有自由的心灵才具有创造力。

现在，一个人看见了这个世界上正在发生的事情，并且真正想要弄清楚神和真理是不是一个现实，或者只是人类的狡猾发明，那么你该怎样做呢？毕竟，你我是集体的结果，不是吗？所以必须有这样一些独立个体，他们完全从制约中解脱，不是在某些层面或某些方面，而是彻底地解脱。因为，只有这样的个人才能够发现真理或神是什么——不是那些遵循传统的人，不是敲钟、引述《薄伽梵歌》或每天去寺院的人。然而那些真正想要对生活的非凡运作方式有所发现的人，就必须不仅能够理解自己受到制约的过程，而且能够超越这些制约。因为，只有当心灵摆脱了所有制约的束缚，而不是当它在重复某些词语或者引述圣书时，它才能发现什么是真实。

所以，对心灵来说，在这个世界上得到自由是极其困难的。所谓的宗教人士也谈论自由——这是他们的口号之一——但是，他们确定你不会得到自由。因为，你得到自由的那一刻，显然就会成为社会的一个威胁，成为组织化宗教以及充斥在你周围的所有腐朽事物的危险因素。只有自由的心灵才会发现什么是真实，只有自由的心灵才具有创造力。有一点至关重要，在这种文化里，应该给予重视的并不是追随某种模式、教义或传统，而是允许心灵具有创造力。但是，只有当心灵从制约中解脱，它才会有创造力，然而，这种解脱的自由并不会轻易获得，你必须为此付出极为艰巨的努力。你为了日常生活而辛苦工作，经年累月忙于这些事情，受尽他人的颐指气使赚钱谋生，你忍气吞声、生活窘迫、失去尊严、溜须拍马。然而，心灵得到自由所付出的努力要比这些困难得多。它需要敏锐的洞察力、超强的理解力以及全面的觉察力，心灵能够了解它的全部障碍和阻滞，以及自我欺骗的运作方式，它的幻想、幻觉和神秘。心灵一旦自由，它就能开始去探究和发现，但用不自由的心灵去寻找并没有意义。你理解吗？要发现真理和神，还有生命那非凡的美和深度、爱的丰盛，心灵首先必须是自由的。心灵被塑造和限制，囚困在传统的疆域内，它会说“我在寻找真理和神”，这毫无意义。这样的心灵就像被拴在柱子上的毛驴一样：它不可能溜达到超出绳索长度的地方。

因此，如果我们想要找到那种超凡殊胜的状

态——它超越了头脑的变幻莫测——真正去体验它，与它共处，并且了解它的全部意义，就必须有自由，自由意味着更艰苦的工作，而我们大多数人并不愿承受这些。我们宁愿被引导也不愿亲自去发现，但一个人不可能被引向真理。请务必理解这个非常简单的事实。没有任何宗教老师，没有任何瑜伽体系和宗教组织，没有任何教义或信仰能够引导你发现真理。只有自由的心灵才能够有所发现。这显而易见，不是吗？仅仅通过别人告诉你真理是什么，你不可能发现任何事物的真理，因为那不是你的发现。如果只是有人告诉你幸福是什么，那么，它是幸福吗？

要发现生命的全部意义，要了解它的整个内容——不仅是我们称为生存的这个肤浅层面，要觉察它的欢乐，它无比的深度、广阔和美，包括穷困、伤痛、争斗和堕落——要理解这一切的含义，你的心灵当然必须是自由的。如果你对此有非常清晰的理解，那么，你和我之间的相互关系就不是建立在权威之上。我不可能将你引向真理，其他任何人也不可能；你必须在你生活的每一天每一刻去发现它。当你行走在街道上或者乘坐有轨电车时，当你和你的爱人争吵时，当你独自一人坐在某个地方看着天空的星星时，你就会发现它。当你知道什么是正确的冥想，你就会发现什么是真实；但是那个所谓受到教育的有准备的心灵，它受困于制约的束缚，或是相信或是不相信，它称自己是印度教徒、基督徒、佛教徒，这样的头脑永远不会发现什么是真实，尽管它可能已寻找了上千年。因此，对于心灵来说，重要的事情是获得自由。那么，心灵究竟有可能自由吗?

先生们，你们理解这个问题吗?只有自由的心灵才能发现什么是真实——发现它，而不是有人来告诉你。他人的描述并不是事实。你也许会用最优美的语言来描述某个事物，用最富有灵性或抒情的词语来表达它，但词语不是事实。当你饥饿时，描述的食物并不能填饱你的肚子。然而我们很多人都满足于对真理的描述，这种描述和符号已取代了真实事物的地位。要发现是否存在真正的现实，我们必须能够实事求是地去认识事物，真即真，假即假，而不是像幼稚的孩子那样，等待有人来告诉他们。

因此，要发现什么是真实，心灵首先必须是自由的。然而获得自由是无比艰巨的工作，它比所有瑜伽练习都要艰巨。那些瑜伽练习只会制约你的心智，只有自由的心灵才可能有创造力。一个受制约的头脑也许善于发明，它也许会冒出新的想法和新词汇，设计出新鲜玩意儿，它也许会建造一座大坝，绘制一张新蓝图等等其他诸如此类的事情，但这并不是创造。比起这种只为获取某种技术的能力，创造力要求更多。正是由于大多数人并不具有这种被称为创造力的非凡能力，所以我们才如此浅薄、空虚和贫乏。因此，只有自由的心灵才具有创造力。

那么，我们的问题就是：心灵如何获得自由？还有，心灵是否有可能自由？不是在某些层面或片面上，不是零零星星的小块地方，而是贯穿整个无意识和有意识的完全的自由。抑或心灵永远都被制约和被塑造吗？你必须亲自去发现，不要等我来告诉你心灵究竟能不能自由。心灵只能去思考自由吗？像一个囚犯那样，注定永远不会自由，而是一直被囚困在自我制约的枷锁里。

你理解这个问题吗？心灵究竟能不能彻底自由，还是说，它的本性就是受制约的？如果心灵的根本性质就是局限的，那就不存在要去发现真实是什么这样的问题；你就可以继续反复念叨着“有神明或者没有神明、这个好而其他不好”，这一切都困在某种既定文化的模式内。那么，要找到这件事的真相，你必须自己去探寻心灵是否可以真正自由。我认为是可能的——这不是要你来接受或否定的。它也许是真的，或者只是我的观点、我的想象和幻觉。然而，你不能把自己的人生建立在别人的发现之上，或是建立在他人的幻觉和想象之上，抑或仅仅是基于某种观念。你必须去发现真相。

一九五六年十二月十二日，马德拉斯第一次公开谈话
“克里希那穆提文集”第十卷

图书在版编目（CIP）数据

心灵的平和之美 / (印) 克里希那穆提著 ; 王艳淳译 . -- 北京 : 北京时代华文书局 , 2022.4

书名原文：INDIVIDUAL&SOCIETY

ISBN 978-7-5699-3742-8

Ⅰ . ①心… Ⅱ . ①克… ②王… Ⅲ . ①人生哲学－通俗读物 Ⅳ . ① B821-49

中国版本图书馆 CIP 数据核字 (2020) 第 096739 号

北京市版权局著作权合同登记号　图字：01-2020-2608

Krishnamurti Foundation of America
P.O. Box 1560, Ojai, California 93024 USA
E-mail: kfa@kfa.org Website: www.kfa.org

心灵的平和之美

XINLING DE PINGHE ZHI MEI

著　　者 | [印] 克里希那穆提
译　　者 | 王艳淳

出 版 人 | 陈　涛
选题策划 | 刘昭远
责任编辑 | 周海燕
责任校对 | 薛　治
装帧设计 | 柒拾叁号
责任印制 | 訾　敬

出版发行 | 北京时代华文书局 http://www.bjsdsj.com.cn
北京市东城区安定门外大街 136 号皇城国际大厦 A 座 8 楼
邮编：100011　电话：010 - 83670692　64267677
印　　刷 | 北京盛通印刷股份有限公司　010 - 83670070
（如发现印装质量问题，请与印刷厂联系调换）
开　　本 | 787mm×1092mm　1/32　印　张 | 6.5　字　数 | 110 千字
版　　次 | 2022 年 4 月第 1 版　印　次 | 2022 年 4 月第 1 次印刷
书　　号 | ISBN 978-7-5699-3742-8

定　　价 | 45.00 元